쓰레기에 관한
모든 것

Original title: Trash: Tutto quello che dovreste sapere sui rifiuti
by Piero Martin and Alessandra Viola

쓰레기에 관한 모든 것

피에로 마르틴
알레산드라 비올라
박종순 옮김

북스힐

쓰레기에 관한 모든 것

초판 1쇄 발행 | 2020년 7월 15일
초판 2쇄 발행 | 2021년 9월 25일

지은이 | 피에로 마르틴 · 알레산드라 비올라
옮긴이 | 박종순
펴낸이 | 조승식
펴낸곳 | (주)도서출판 북스힐
등록 | 1998년 7월 28일 제22-457호
주소 | 01043 서울시 강북구 한천로 153길 17
전화 | 02-994-0071
팩스 | 02-994-0073
홈페이지 | www.bookshill.com
이메일 | bookshill@bookshill.com

책임편집 | 이현미
디자인 | 신성기획
마케팅 | 김동준, 변재식, 이상기, 임종우, 박정우

값 18,000원
ISBN 979-11-5971-293-7

* 잘못된 책은 구입하신 서점에서 교환해 드립니다.

차례

가치 있는 것은 곁에 있다

그것들은 에너지와 자원을 만든다

그것들은 기술적이며 수요가 있다

그것들은 말해준다

그것들을 먹는다

그것들은 인간적이다

그것들은 재미있고 예술적이다

서문
이 책을 읽는 방법

모든 책이 같은 방식으로 읽도록 만들어지는 것은 아니다. 어떤 책은 건너뛰면서 읽어야 한다. 드문 경우를 제외하고는 백과사전이나 전화번호부, 사전, 법전 같은 책을 처음부터 끝까지 차례대로 읽으면서 즐기긴 어렵다. 그러나 그렇지 않은 책들도 있다. 추리소설을 마지막 페이지부터 읽는 것은 그리 좋은 방법이 아니다. 소설, 에세이, 이야기들은 처음부터 끝까지 읽어야 그들이 무슨 이야기를 하는지 정확하게 이해할 수 있고 가장 좋은 부분을 놓치지 않는다. 두 가지 스타일의 읽기 방식을 동시에 만족시키는 책을 쓰기는 쉽지 않은 일이다.

우리가 쓰레기와 같은 주제를 다루는 것에는 선택의 여지나 있을 법하지 않은 문학적 도전 이상의 것이 필요했다. 세 가지 정도 이유에서다. 우선 논제의 폭이다. 우리는 모든 곳에서 수천 가지 쓰레기를 점점 더 많이 만들어내고 있다. 완전한 백과사전식 글을 쓴다면 여러 권의 책이 필요할 것이다. 반면 전통적인 에세이 형식으로는 하나의 흐름에만 집중하거나 — 이는 우리가 의도하는 바가 아니다 — 모든 주제를 포괄하려다가 적절하게 탐구하지 못할 위험이 있다.

이 책을 처음부터 끝까지 읽을 수도 있고 건너뛰며 읽을 수도 있는 두 번째 이유는, 독자들에게 쓰레기라는 주제에 대한 완전한 아이디어를 가질 수 있게 하고, 그럼으로써 이미 준비되고 소화된 아이디어나 도덕을 제시하는 유혹에 빠지는 일 없이, 개인적이거나 집단적인 선택과 행동의 결과를 평가할 기회를 제공하겠다는 야심이 있기 때문이다. 일반과학은 무엇보다 사실과 자료와 개념을 전하는 것이지 의견을 전달하고자 하는 것이 아니다. 미디어를 통해 전달할 때, 가끔 세부사항과 기술적인 측면을 포기할 수는 있지만 정확성을 포기할 수는 없다. 그래서 각자 자료를 근거로 자신의 의견을 스스로 세우고, 그것들을 비교해보고, 정당한 근거를 들어 의견을 옹호할 수 있다. 그러면 아마도 6과 5 같은 단순한 두 개의 숫자도 그것이 휴대전화를 쓸 수 있는 사람의 수(60억, 지구의 총인구는 70억)를 의미한다면, 또는 그것이 깨끗하고 품위 있는 화장실을 사용할 수 있는 사람의 수(50억)를 말한다면, 이 세상을 더 공정한 곳으로 만들기 위해 할 일이 여전히 얼마나 많은지 알려줄 수 있을 것이다.

이 책을 서로 연결되어 있지만 단일한 에세이로도 읽을 수 있는 많은 다른 이야기로 구성한 세 번째 이유는 과학은 모든 사람에게 접근 가능하고, 지루해야 할 필요가 없으며, 심지어 재미있을 수도 있음을 보여주고자 하는 열망 때문이다.

우리가 성공했는지는 잘 모르겠다. 그러나 우리는 과학적 정확성을 지키기 위해 애썼고, 출처와 데이터의 검증과 사실에 부합하는지 최대한 주의를 기울였다. 또 우리는 열역학의 원리나 파란 눈의 물리학에 대해 이야기하는 동시에 독자들의 미소를 끌어내기를 바라면서 호기심을 유발하는 재미있고 때로는 초현실적인 이야기와 뉴스를 골랐다. 그런 다음에는 우리가 어린아이였을 때 똥이라는 단어를 처음 말했을 때의 천진난만한 깔깔거림이 생각나는 생의 첫날부터 마지막 날까지 우리와 함께하는 인간의 배설물이 지닌 탁월함에 대해서도 이야기하지 않을 수 없다.

이 세 가지 이유는 다른 것과 함께 우리에게 처음부터 끝까지 읽는 수직적 독서와 버스로 한두 정거장 가는 동안이나 샌드위치 하나 먹는 동안 읽는 수평적 독서 모두에 적합한 책이 되도록 영감을 주었다.

순서대로 읽기를 좋아하는 독자들에게는, 곧이어 나오는 수학자, 철학자, 음식 역사학자, 언어학자 및 기술사학자가 다섯 가지 다른 관점에서 주제를 소개하는 짧은 기고문으로 시작할 것을 권한다. 다섯 명의 훌륭한 전문가가 우리에게 선사한 글이다.

그런 다음 여정은 처음 두 장에 걸쳐 펼쳐지는데, 우리가 많은 쓰레기를, 너무나 많이, 모든 곳에서 만들어내고 있다는 사실에 대한 반성으로 시작한다. 우리는 쓰레기를 버릴 뿐만 아니라 오염시키고, 귀중한 자원을 소비하고, 건강에 해를 초래하고, 불평등을 저지르고, 우리 행성과 인류종의 현재와 미래를 저당 잡히고 있다.

일단 이런 인식을 지니고, 3장에서 쓰레기가 단순히 문제가 아니라 자원이기도 하며 가끔은 놀라운 다른 많은 방법으로 가치를 만들어낼 수 있다는 것을 발견할 것이다. 순환경제를 이야기하는 것으로 이 장을 시작하는 것은 우연이 아니다.

폐기물이 가지는 가치의 일부는 그것을 생산하기 위해 사용된 에너지의 일부를 회수하는 데 있다. 4장에서 이 주제를 만날 것이다. 5장에서는 폐기물과 관련이 많은 기술을 다룰 것이다. 이 기술은 폐기물을 생산하는 문제와 그것들을 적절하게 다루는 문제 모두에 도움이 되기 때문이다.

우리가 어떤 선택을 하는지는 곧 우리가 누구인지를 말해준다. 쓰레기는 더 많은 것을 말해줄 수 있다. 따라서 오늘날의 쓰레기 매립지는 미래의 고고학적 유적지가 될 것이다. 이것이 6장의 주제이다. 7장은 음식물 쓰레기에 관한 것이다. 가장 원초적이면서 때로는 가장 식욕을 자극하는 형태의 재활용 중 하나는 쓰레기를 먹는 것이다.

8장에서는 없앨 수 없는 쓰레기에 대해 이야기한다. 인간의 삶 자체와 뗄 수 없는, 그렇다, 바로 그것이다. 우리는 될 수 있으면 그것들을 보고 싶어 하지 않고 빨리 치우려고 한다. 그러나 그것은 생명과 건강에 필수적이며 그것의 처리는 심각한 불평등의 원인이 된다.

마지막 장에서는 여기까지 읽어온 독자들에 대한 보상으로, 쓰레기가 어떻게 심지어 예술적이거나 당신을 웃게 만들 수 있는지에 관한 기담과 흥미로운 이야기가 이어진다.

끝으로, '이어서 보는 독자'와 '띄엄띄엄 읽는 독자' 모두에게 이 책은 완전하거나 철저한 것과는 거리가 멀다는 사실을 알린다. 이 분야는 무한하고 어떤 분야는 통째로 무시해야 했다. 더욱이 뉴스와 데이터와 최신 연구 결과들이 끊임없이 나오고 있다. 예를 들면 우리가 이 책을 마무리 지으려는 시점에 이탈리아는 유럽 내에서 76.9% 더 많은 재활용을 한다는 유럽연합통계국Eurostat의 조사 자료가 발표되었다. 또한 스위스 연방 수자원과학기술연구소가 스위스에서 매년 43kg의 금이 하수구를 통해 유실되고 있다는 것을 발견했다는 뉴스가 나왔다. 귀중한 원소를 정제하는 플랜트에 따르면 그 가치는 약 150만 유로에 달한다. 그리고 2017년 5월에는 영국의 랭커스터 대학교 연구원들이 커피 찌꺼기에서 바이오 연료를 추출하는 보다 더 효율적인 방법을 개발했다는 소식이 있었다. 쓰레기와 연구 성과들이 매일같이 갱신되기 때문에 현재 상황을 따라잡기는 불가능하다. 그렇지만 우리는 이 책이, 지구의 지속 가능한 발전을 위해 직면한 가장 시급한 문제 중 하나인 쓰레기에 대한 호기심과 인식을 자극하기를 바란다. 독단적인 입장을 취하지 않고 우리는 언제나 사실에서 출발했다. 왜냐하면 레오나르도 다빈치가 말했듯이, "사물은 문자보다 오래된 것이다. 사물을 목격하는 것으로 우리에게 충분하다"고 여기기 때문이다.

피에로 마르틴/알레산드라 비올라

쓰레기의 수학

수학에 관해 가장 끈질기고 지속적인 진부한 표현 중 하나는 수학에선 아무것도 내버려지지 않는다거나 한번 얻어진 결과는 영원히 유효하다는 것이다. 수학의 발전은 비록 질서 있거나 계획적인 양상은 아니지만 점진적으로 세워지는 건물을 건설하는 것과 비슷하다고 생각되었다. 크노소스의 궁전처럼 지속적으로 덧붙여가면서 커진다. 가장 오래된 부속건물조차 시간이 흐르면서 점차 잊힐지언정 결코 파괴되지는 않는다. 이것은 널리 퍼져 있지만 왜곡된 견해이다. 이 견해는 수학적 사고의 진화가 비선형적이고 무작위적인 과정으로, 본질적으로 다중심주의적이고 대개 카오스적이라는 사실을 고려하지 않은 것이다.

이것은 다차원의 미궁이다. 거기에는 수많은 순환 회로와 막다른 골목과 다중 경로와 착각을 일으키는 통로가 있다. 이러한 개념에 따르면 수학에서 버리는 일은 예외가 아니라 규칙이다. 오류와 과녁을 빗겨간 추측과 오도된 가설과 거짓 실마리들 말이다. 동떨어진 결과가 삭제될 뿐만 아니라 전체 이론이 버려지고, 개념적 지평 전체가 지워진다. 그러나 이런 버린 패도 쓸모없진 않다.

오히려 그것들은, 자유로이 생각을 창조하는 어떠한 활동에서라도 그렇듯이, 발명 과정에서 필수적인 요소를 나타낸다. 예를 들어 문학 텍스트를 명료하게 가다듬는 일을 생각해보자. 삭제하는 것은 수정하거나 덧붙이는 것만큼이나 중요하며, 정확한 단어들을 생각해내는 것만큼 근본적이다. 마지막으로 심지어 수학에서도, 진짜 쓰레기처럼, 버려진 것들이 재활용되는 일은 그리 드물지 않다. 망각 속에 버려졌던 아이디어가 새로운 이론에서는 보석같이 소중한 것이 되기도 한다.

클라우디오 바르토치 Claudio Bartocci는 제노바 대학교에서 수리물리학을 가르치고 있다. 저서로는 『숫자: 제로에서 무한대까지 세는 모든 것』 등이 있다.

지저분한 것 버리기

자연에는 쓰레기가 없다고 말하는 사람이 있을 수도 있다. 적어도 중장기적 기간을 놓고 보면 모든 것이 화학적·생리학적 과정으로 이루어진 생명의 자연적 순환으로 돌아간다. 따라서 쓰레기라는 개념은 인간의 실용주의적 관점과 역사를 통해 인간 사회가 채택한 문명의 형태와 밀접하게 연결되어 있다.

그렇다면 장 자크 루소가 말한 것처럼 버리는 일은, 위선과 거짓말과 함께, 우리를 자연 상태의 자발성과 행복에서 멀어지게 하는 문명의 변태적인 선물 중 하나라고 분명하게 말할 수 있다. 더욱이 인류가 더 문명화되고 인간 사회가 더 복잡하게 연결될수록 더 많은 쓰레기를 만들어낸다. 유목민들은 농업 문명보다 더 적게, 그리고 농업 문명은 산업 문명보다 더 적게 쓰레기를 만들어낸다.

수공업에서 산업으로 전환되면서 쓰레기와 제조 폐기물이 늘어났다. 고장나거나 오래된 그것들은 소비사회가 이데올로기적으로 생산한 것이며, 유행 시스템을 통해 기술적으로 점차 구식이 되도록 계획된 것이다. 마지막으로 음식물 쓰레기와 같이 쓰레기로 끝나는 쓰레기는 잠재적으로 무한정한 풍요와 가용성으로서 웰빙의 개념과 연결되어 있다.

이탈리아어 sprechi, scarti, rifiuti는 모두 쓰레기immondizia라는 의미를 지닌다. immondizia는 '더러운, 지저분한'이라는 의미를 지니는 라틴어 immundus에서 왔으며, 어원학적으로 세상의 부정, 다시 말해 정돈되어 있고 깨끗하기를 바라는 우리 존재 범위의 부정으로 읽힌다. rifiuto(거부, 거절의 뜻도 있다 — 옮긴이)라는 단어는 쓰레기의 처리를 기술하는 실질적인 기능적 결정을 분리하고 밝히는 장점이 있다. 쓰레기를 처리하는 것은 물질적인 것과 상징적(명목상, 명목적)인 것을 배출하고, 철거하고, 제거하고, 추방하는 과정이며 이 과정은 불행히도 때로는 무생물에서 살아 있는 것과 사람에게로 옮겨간다.

20세기 가장 중요한 독일 철학자 중 한 사람인 마르틴 하이데거가 이 세상에서 인간의 조건을 묘사하기 위해 내던져진다는 뜻을 가진 단어 'Geworfenheit'를 만들어낸 것은 아마도 우연이 아닐 것이다. 내던져진 상태(다른 말로는 존재론적으로 버려진 상태라 할 수 있다)가 하이데거에겐 인간 조건의 출발 상태를 이룬다. 거기서 시작해 인생을 맞부딪침Entwurf 형태로 구성할 수만 있다면 그 사람은 스스로를 회복할 수 있다.

그러나 '내던져진다'는 것은 사회의 안녕에서 소외되고 도시의 교외, 빈민굴, 슬럼가, 판자촌 같은 사회적 매립지에 격리된 수많은 인간의 일상적인 상태이기도 하다. 쫓겨난 사람들을 처리하는 집단수용소의 지평은 끊임없이 반복되고 있으며 오늘날 난민 캠프와 이른바 이민자 수용 센터의 형태로 다시 나타나고 있다.

'고형 도시 쓰레기'라는 위생적이고 관료적인 정의 뒤에는 인류의 역사와 불쾌한 유사성을 가지는 연결고리가 숨어 있다. 그러므로 쓰레기를 처리하는 가장 전통적인 두 방법, 즉 쓰레기를 매립지에 가두거나 소각장에서 소각하는 것이 20세기 인류의 운명에 상흔을 남겼던 끔찍한 역사적 사건을 떠오르게 하는 것은 우연이 아니다. 바르샤바의 게토와 아우슈비츠의 소각로 말이다.

생태학적으로 옳은 인간 사회, 요컨대 '쓰레기 제로' 사회가 결코 가능하지 않을지 나는 알지 못한다. 그러나 인류가 인간 자신과 다른 생명체들을 수단이 아닌 목적으로 대하는 법을 조금씩이라도 배운다면 그것만으로 훌륭한 결과라 할 수 있다. 이것은 칸트가 말한 도덕적 정언 명령의 정의이다. 쓰레기는 항상 쓸모가 없어졌기 때문에 버려진 수단이라는 것을 생각한다면 어떤 것이라도, 그전이건 나중이건, 쓰레기가 되지 않도록 하는 것만이 유일하게 가능한 방어책이다.

안드레아 탈리아피에트라 Andrea Tagliapietra는 비타살루테 산 라파엘레 대학교에서 철학사를 가르치며, 국제 철학 저널 『사상사 비평 저널』 공동 책임자이기도 하다. 저서로는 『경험, 철학 그리고 사상의 역사』 등이 있다.

부엌에 남은 음식물

부엌에서, 지금은 쓰레기로 여겨지는 것이 수십 년 전에는 단지 남은 음식물로 취급되었다. 먹지 않은 음식의 일부는 새로운 요리의 재료가 되었다. 음식물 쓰레기는 훨씬 저렴한 비용으로 훨씬 더 많은 음식물을 만들어내는 산업화의 산물이다. 그 이전에는 그런 것이 없었다.

이탈리아 가정에서나 지구상에 살아가는 대부분의 사람에게는 먹을 것이 별로 없었기 때문에 음식을 버리지 않고 가능한 모든 방법을 써서 재활용했다. 이런 이유로 인기 있는 요리 중에는 남은 음식으로 요리한 것이 많고, 여러 세기가 지나면서 남은 음식의 이러한 활용법은 거의 진짜 예술이 되었다. 남은 음식을 소비하는 것 중 알려진 최고의 방법은 미트볼과 미트로프를 만드는 것이었다. 우리 선조들의 레시피에도 단 음식이나 리소토, 심지어 생선을 오랜 시간 보존하는 시스템이 있었다. 기본적으로 아무것도 버려선 안 된다는 생각에 기초한 것이었다.

디저트부터 살펴보자. 수백 년 동안 설탕은 아주 비쌌기 때문에 대중적인 요리에는 사실상 쓰이지 않고 귀족들을 위해서나 마련되었다. 주요 디저트는 지역에 따라 많은 변이가 있지만, 말린 과일로 단맛을 낸 딱딱한 빵을 기본으로 했다. 두 가지 남은 음식을 한 번에 해치운 것이다!

남은 생선으로는 다양한 카르피오네carpione를 요리했는데, 지중해 스타일의 속이 깊은 그릇에 통째로 내놓았다. 카르피오네는 튀긴 생선을 식초에 절여 보관한 것이다. 리구리아(이탈리아 북부의 주—옮긴이) 스카베초 또는 사르디니아 스카베치우 조리법에서는 양파와 식초를 쓰고, 아풀리아(이탈리아 남동부의 주—옮긴이) 스카페체의 경우에는 식초에 적신 빵을 쓴다. 베네토(베네치아가 주도인 이탈리아 북부의 주—옮긴이) 지방의 리소토 또한 남은 음식으로 만든다. 밀라노 스타일은 골수와 사프란이 풍부한 반면, 피에몬테 스타일은 콩과 소시지를 사용한다. 베네토에서 리소토는 남은 음식에 쌀을 더하는 것이다. 생선, 고기, 야채 등 리소토는 무엇으로든 만들어 먹을 수 있다.

요즘에는 남은 음식으로 하는 요리나 그것을 하나의 유행으로 만들려고 애쓰는 사람들에 대해 듣기가 어렵다. 그러나 이것은 곧 대규모 유통망과 가정에서 우리가 엄청난 양의 음식을 계속해서 버리고 있다는 것을 말해준다. 음식이 너무 싸고, 우리는 너무 많이 구매하고, 필요한 것보다 더 많이 소비하며, 평균적으로 과체중이다. 웰빙에 합선이 일어난 것이다.

알레산드로 마르초 마뇨 Alessandro Marzo Magno는 저널리스트이자 역사작가이다. 저서로는 『맛의 천재: 이탈리아 음식은 어떻게 세계를 정복했나』 등이 있다.

이탈리아어語 속의 쓰레기

rifiuto라는 말은 매우 최근에 나타난 것인 동시에 오래된 것이기도 하다. 이 말은 14세기 초반부터 존재했으나 그때는 쓰레기를 뜻하지 않고 단지 내버리는 행위를 가리키는 말이었다. 그러다가 17세기 후반에 '가치가 없는 것'이란 의미를 가지게 되었다. 예를 들면 'merce di rifiuto(쓰레기 같은 호의)'라는 말이 있다. 그렇지만 단언하긴 어렵다. 18세기 중반에도 여전히 프란체스코 알가로티Francesco

Algarotti는 중국의 소비재에 대해 이야기하면서 "대부분 버려진 것이고 거의 쓰레기la più parte rifiuti, e quasi immondizie" 라고 했다. 이것은 당시에는 rifiuto가 '버려지고 거의 가치가 없는 물건'을 지칭하지만 쓰레기와는 아직 동의어가 아니었음을 보여준다.

이 단어가 '버려진 것'이라는 의미를 확실히 나타내기 시작하는 것을 보려면 20세기 초까지 기다려야 한다. 세기를 거치면서 구체적인 명칭이 될 때까지 의미는 굳어지고 퍼져나갔다. 1982년 이탈리아 대통령령 915는 바로 '쓰레기 분류Classificazione rifiuti'에 대해 이야기하며 쓰레기를 도시, 특수, 독성 및 유해로 구분했다. 국가 법령에 의해, 쓰레기라는 단어는 지방정부의 언어 속으로 급속도로 퍼져나갔다. (고형의 도시 쓰레기와 대형 쓰레기를 처리하는 데 문제가 없었던 사람이 있을까?) 그러므로 우리 언어의 역사 전체에서 '물리고 싶은 것'이라는 의미의 rifiuto는 최근에 생긴 것일 뿐만 아니라, 조금은 일반적이기보다 인위적이고 전형적인 관료적, 행정적인 용법이다.

지금도 여전히 활발하게 쓰이는 이탈리아어 immondizia(허섭스레기, 찌꺼기)와 spazzatura(하찮은 것, 무용지물)를 보자. 둘 다 14세기 토스카나에 기원을 두고 있다(immondizia는 보카치오의 작품에서 발견된다). 둘 다 16세기 이탈리아어에 전반적 영향을 미쳐 1612년 『크루스카 아카데미 어휘집Vocabolario degli Accademici della Crusca』에 실리기까지 한다. immondizia는 일반적으로 먼지 같은 것이고 spazzatura는 빗질에 의해 쓸려나가는 것으로, 의미상 미세한 차이만 있을 뿐 음식물 쓰레기와 오늘날 우리가 말하는 건조된 잔여물을 구분하지 않았다.

마지막 호기심 하나. 언어의 역사에서 종종 일어나듯이, spazzatura의 변종이 이후 만연해지는 유일한 경우는 아니다. 사실은 14세기에 spazzatume라고 불렸지만 얼마 지나지 않아 더는 쓰이지 않게 되었다. 왜냐하면 심지어 언어 자신도…… 쓰레기를 만들기 때문이다.

당신은 무엇을 버리는가?

"내가 잠시 밖에 나가 버리는 ~은 ~이다. 그것은 사실 ~이다." 이러한 가정에서 만들어낸 spazzatura(쓰레기)를 뭐라고 부르는가? 우리가 어디 사는가에 따라 immondizia는 다른 이름을 갖는다. 그것들은 이른바 geosinonym (geo[지구의, 위치의] + sinonym[동의어])이다. 다른 장소에서 같은 사물을 지칭하는 다른 단어를 의미한다.

스스로 한번 찾아보라. 때가 되면 리

구리아에서는 rumenta를 버리고, 파비아나 파르마 또는 피아첸차에서는 rudo를, 모데나부터 페라라까지는 rusco를 내버린다. 베네토에서는 대신에 squasse 또는 scoasse를 버리고, 트리에스테에서는 scovazze를 버린다. 이 단어는 spazzatura(쓰레기)와 동일한 것이다. 왜냐하면 '빗자루로 쓰는 것'을 뜻하기 때문이다. 마사와 카라라에서는 lozzo를 버린다. 아펜니노 토스코에밀리아노에서는 pattume(쓰레기)를 버리고 토스카나의 나머지 지역에서는 sudicio(오물)를 버린다. 알게로에서는 rogna(옴)를 버린다. 로마 지역과 남중부 지방에서는 (가끔은 수고스럽게) monnezza(쓰레기)를 처리한다. 이 말은 시칠리아 지역에서 munnizza로 바뀐다. 어떤 지역에서는 언어학적으로 그 자체의 작은 역사를 가진다. 예를 들면 바리 지역에서는 rimata를 버릴 때, 칠렌토에서는 iotta를 내다버렸다. 이 단어는 과거에 동물에게 주는 음식물 찌꺼기를 나타내는 데 쓰였다.

이들 단어가 많은 방언을 이탈리아어로 받아들인 것이라는 점은 흥미롭다. 이탈리아어화된 말들은 방언에서 자연히 다르게 발음되지만(예를 들어 rusco[루스코]를 rusc[루스크]라고 하는 식이다) 그 단어들의 생명력과 힘은 방언에 기원을 두고 있다. 이 말들은 우리 일상의 가정과 가족생활에서 쓰인다. 어린 시절부터 종종 쓰던 단어들이므로(만약 당신이 쓰레기에 대해 그렇게 말할 수 있다면) 정서적 가치도 담고 있다. 그것들은 주마다 다르고 종종 지방마다 다르기도 하다.

비록 그것들이 모두 달라도, 모든 사람이 그들만의 단어를 갖고 있다는 바로 그 사실이 우리를 이탈리아 사람으로 묶어준다. 당신이 사용하는 단어를 찾지 못했는가? 잘 찾아보기 바란다. 아마도 발음에서 아주 작은 차이만 있을지도 모른다. 언어는 살아 있는 것이며 지역적 변이는 정말로 많다.

로베르타 첼라 Roberta Cella는 피사 대학교에서 이탈리아어뿐만 아니라 그 역사에 대해 가르치고 있다. 저서로는 『이탈리아어의 역사』 등이 있다.

폐기물의 존재론: 기술적 논리에 대한 비판

인류의 기원 초기부터 인류는 이미 호세 오르테가 이 가세트José Ortega y Gasset가 유목·수렵 사회 시대로 정의한, '우연의 기술técnica del azar'의 원시적 단계에 있었으며, 제품의 생산에는 언제나 쓰레기의 생산이 수반되었다. 폐기물과 잔여물이 선사

시대의 동굴에서 발견되고, 토기의 파편이 로마의 테스타초 언덕을 만들고, 토기의 잔여물이 베네치아섬의 토양이 되고, 오늘날 대도시 접합부의 토대를 약하게 만드는 고형 쓰레기의 산에 이르렀다.

무어의 법칙이 "마이크로칩의 집적도는 18개월마다 두 배가 된다"고 한다면, 비슷하게 산업사회에서 개인이 생산하는 쓰레기의 양은 1년 반마다 두 배가 된다고 가정할 수 있다. 이런 종류의 모든 진술처럼 멋진 반례를 테이블 위에 올려놓을 수 있겠지만, 사실 대량 생산되는 제품들은 점점 더 ICT(정보통신기술)가 지배하고 소비 철학의 바탕이 되는 유행 패러다임이 조정하는 첨단 산업 분야에서 생산되며, 쓰레기는 불필요한 노후화의 소용돌이 속에서 점점 더 많이 생산되고 있는 것으로 보이나 이 시점에서 우리는 이탈로 칼비노Italo Calvino의 『쓰레기통』을 인용하고 싶다. 이 책에서는 쓰레기통이 문화적으로 중심 역할을 하며, 매일 쓰레기의 신중한 관리와 재사용에 관한 괴상한 논리를 헛되이 추구하는 사회를 그린다. 그러나 여전히 쓰레기의 윤리는 존재하지 않는다. 카를 마르크스의 『자본론』에도 전혀 나오지 않는다는 것이 그 증거이다. 우리는 대신에 도발적 사색을 위한 새로운 아이디어를 찾기 위해 폴 오스터Paul Auster에서부터 돈 델리요Don DeLillo까지의 문학을 돌아볼 필요가 있다.

잔루카 쿠오초Gianluca Cuozzo가 에세이 『최후의 것의 철학자Filosofia delle cose ultime』에서 지그문트 바우만Zygmunt Bauman의 글귀 "쓰레기 수거인은 현대의 알려지지 않은 영웅이다"를 인용하면서 말했듯이, 우리는 '쓰레기의 신학'이 필요하다. 그렇지 않으면 우리는 소멸할 것이다.

비토리오 마르키스 Vittorio Marchis는 토리노 폴리테크닉에서 기술사와 사물의 역사를 가르치고 있으며 수많은 에세이를 썼다. 그중에서 『이탈리아 발명의 150년』이 대표적이다. 그는 기술이 상상력을 불러일으킨다는 교훈을 보여주는 기계장치의 해부로 잘 알려져 있다.

너무도 많은 쓰레기

미다스 왕은 손대는 모든 것을 금으로 바꾸었다.
우리는 그보다 더 소박하게 우리가 사용하는 많은 것을
쓰레기로 바꾼다. 정말 많이, 많아도 너무 많이 만들어낸다.
그럼으로써 귀중한 자원을 낭비할 뿐만 아니라 오염시키고
소모한다. 에베레스트에서부터 대양의 해구까지,
지구의 깊숙한 곳에서부터 달에 이르기까지, 도달한 곳이
어디든 우리는 흔적을 남기며 그 방식조차 기묘하다.

그것들은 무엇이며 또 어디로 가는가?

우리가 만드는 쓰레기는 엄청 많고 다양하며, 때로는 우리가 생각할 수 없는 장소에 버려지기도 한다. 심지어 달에도!

이 모든 쓰레기의 종착지가 어디일지 연결해보라.
이 책을 읽고 나면 당신의 생각이 바뀌게 될까?

달

대기

바다

지하

산

우주

처리장

매립지

답을 못 찾겠는가? 걱정할 필요 없다.
쓰레기에 대해 당신이 알아야 할 모든 것을
알고 싶다면 책장을 넘겨보라.

에베레스트에 쌓여 있는 엄청난 쓰레기

세계에서 가장 높은 에베레스트산은 많은 기록을 보유하고 있다. 그중 하나는 별로 부럽지 않은, 지구에서 가장 오염된 산이라는 점이다. 최근 네팔 산악연맹을 중심으로 경고가 나오기 시작했다. 산스크리트어로 '천국의 신'이란 뜻을 지녀 티베트인과 네팔인이 신성시하는 이 산은 생태학적으로 붕괴 위험이 있다. 이유는 등반가들이 등반 도중에 버린 쓰레기가 문제의 원인이다. 8,848m 정상에 이르려면 5,300m와 정상 사이 위치한 네 군데 장소에서 고도에 익숙해지기 위해 보내는 적응 기간을 포함해, 두 달 정도 걸린다는 점을 생각하면 문제의 범위를 쉽게

가늠할 수 있다. 게다가 베이스캠프에서부터 정상까지는 휴지통도 화장실도 전혀 없다.

이 문제를 해결하기 위한 출발점으로, 최근 네팔 정부는 쓰레기에 대한 '동등한 균형'이라는 새로운 규칙을 정했다. 정상으로 향하는 모든 등반가는 베이스캠프로 돌아올 때 최소한 8kg의 쓰레기를 가지고 와야 한다. 이것은 등반가가 등반 중에 버리는 것으로 추산되는 쓰레기의 양에 해당한다. 산에 버려진 쓰레기는 종류가 매우 다양하다. 로프, 갈고리와 말뚝은 물론 깡통, 휴대 음식을 쌌던 플라스틱 포장지에 산소통까지 있다.

1953년에 뉴질랜드 등반가 에드먼드 힐러리와 셰르파 텐징 노르게이가 처음 정상에 오른 이래 4,500명의 등반가가 7,000번 넘게 올랐다. 오늘날 에베레스트는 약 12톤(추정치)의 쓰레기로 덮인 쓰레기 적치장 같은 곳이 되었다. 심지어 이것이 가장 심각한 문제도 아니다. 화장실이 없기 때문에 등반가는 눈에 구덩이를 파서 생리적 현상을 해결하고 끝난 뒤에는 그것을 눈으로 덮는다. 매년 700명 넘는 등반가와 가이드가 이런 식으로 문제를 해결해, 시간이 흐르면서 엄청난 양의 대변과 소변이 에베레스트에 쌓이게 되었다.

에베레스트 정상에 오르는 동안 한 사람당 최소 8kg의 쓰레기가 나오는데, 오늘날에는 의무적으로 쓰레기를 가지고 내려와야 한다.

만약 에베레스트의 얼음과 눈이 녹기 시작한다면, 세계에서 가장 높은 산마저 우리가 오염시켰다는 사실을 발견할 것이다.

그런데 만약 얼음과 눈이 녹는다면 어떤 일이 벌어질까? 고도가 낮은 지역에서의 기후변화 때문에 이런 현상은 이미 실제로 일어나고 있다. 산 여기저기 누워 있는, 등반 중에 사망한 200명 넘는 등반가의 시신과 그들이 쓰던 장비들은 말하지 않더라도, 위생 문제가 대단히 심각해질 것이 뻔하다.

EU의 지구과학 저널 『지구빙권The Cryosphere』에 나온 연구결과에 따르면, 이번 세기 말까지 고도 5,500m 아래 있는 빙하 중 70~99%가 사라질 수 있으며, 이것은 유례없는 위생과 물 비상사태를 초래할 것이다. 에베레스트에서 발원한 물은 다수의 수력발전소에 공급되고, 인근 전역의 농업이 그 물에 의존하고 있다. 밀라노 대학교에서 박사 과정을 밟고 있는 네팔인 수딥 타쿠리가 CNR과 공동으로 수행한 연구에 따르면, 천국의 신(에베레스트)에 있는 빙하가 50년 사이 13% 줄어들었으며, 강설의 한계선(강수가 눈의 형태로 떨어지는 높이)이 180m나 높아졌다.

인도 총독이던 영국인 앤드루 워Andrew Waugh는 19세기 중반 인도에서 오랫동안 대영 제국의 지질학자로 활동한 조지 에베레스트 경의 이름을 따서, 1865년에 이 산의 유일한 명칭을 에베레스트로 정했다. 그러나 지금도 나라마다 다른 이름으로 부른다. 티베트인들은 오늘날에도 여전히 초몰룽마, 즉 '우주의 어머니'라고 부른다는 사실에 에베레스트 경은 어떻게 생각할까?

달 위의 골프공

골프공 2개, 부츠 12켤레, 깃발 5개, 강판 1개, 사진들, 예술 작품과 고철과 전자제품이 쌓인 더미. 소련 인공위성 루니크 2호가 달 표면에 처음으로 착륙한 1959년 9월 13일 이래 지금까지 인간이 달에 버린 쓰레기의 목록은 매우 길고, 심지어 매의 깃털, 다양한 망치

인간은
18만 7,000kg의
쓰레기를
달에 남겼다.

그렇다, 우리는 지구의 경계 너머까지도 오염시켰다. 우리는 달에도 쓰레기를 버렸다.

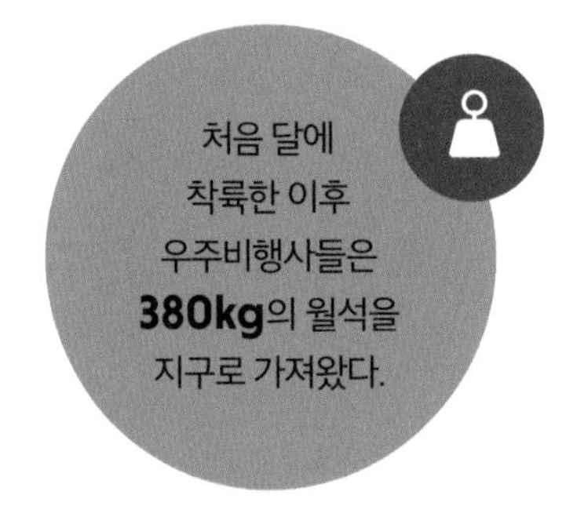

와 삽과 갈퀴, 아직도 완벽하게 작동하는 기계식 카메라와 TV 카메라, 백팩, 메달 1개, 은으로 만든 핀과 우주를 향한 경쟁에서 숨진 우주비행사를 기리는 알루미늄 조각상 같은 매우 특이한 물건들을 포함하고 있다.

이 중 매의 깃털과 망치는 우주비행사가 간단한 실험을 하는 데 사용되었다. 1971년 아폴로 15호를 타고 간 미국 우주비행사 데이비드 스콧이, 두 물체를 동시에 떨어뜨려, 갈릴레오가 이미 이론화한 것처럼, 공기 저항이 없을 때는 질량에 관계없이 같은 속력으로 동시에 떨어진다는 실험을 한 것이다.

다른 것들은 탐사 임무를 기념하기 위해 의도적으로 남겨둔 것이다. 오늘날 그것들은 일종의 '달 박물관'을 구성하고 있다. 아폴로 11호 임무에서는 세계 지도자 73인의 메시지를 담은 실리콘 디스크, 버즈 올드린과 닐 암스트롱의 명판('우리는 인류 모두를 위해 평화롭게 왔다'라고 새겨진) 등을 남겨두는 것도 포함되었다.

이해를 돕기 위해 보충하자면 올드린과 암스트롱만 해도 착륙 장소였던 고요의 바다 주변에 100가지 넘는 물건을 남겼다. 또한 달 위에는 약 70대의 우주 차량과 다양한 금속 및 전자 부품 잔해가 있다. 탐사 로버rover와 달 표면에 추락한 탐사선과 착륙선의 조각들도 포함된다.

그리고 진짜 쓰레기는 개인 위생용품 키트, 대변, 소변과 토사물이 들어 있는 96개의 가방, 백팩, 손수건, 빈 음식 팩 등이다. 이들은 필요에 의해 버려진 것이다. 왜냐하면 지구로 귀환하기 위한 연료가 충분하지 않아 이륙해서 귀환 항해를 시작하려면 달 모듈과 우주선 둘 다 가벼워야 하기 때문이다.

추산에 따르면 인간은 18만 7,400kg의 쓰레기를 달 표면에 남겼고, 380kg의 월석을 지구로 가져왔다. 반세기 전 달의 흙에 처음으로 자국을 남긴 부츠를 포함해 우리는 달에 인간이 다녀온 흔적을 풍부하게 남겼다. 마음에 드는 것도 있고 그렇지 않은 것도 있다.

인공위성을 깨끗하게 하는 것은 분명 우주탐사 임무의 최우선 순위가 아니다. 하지만 나사NASA는 우리가 우주에 남겨둔 쓰레기를 재활용하려고 한다. 이 프로젝트는 소용돌이 산화 반응로 기술 실험Vortical Oxidative Reactor Technology Experiment, VORTEX이라고 불리는데, 우리가 버린 쓰레기의 일부를 태워 우주에서 바로 비료를 생산할 수 있는 장치를 만드는 일과 관련되어 있다.

특수 온실 안에서는 달의 토양에서도 식물이 자랄 수 있다는 것이 이미 일부 실험을 통해 증명되었다. 지구와 중력이 다른 곳에서도 작동되는 소각로는 우주비행사가 버린 쓰레기를 태워 새로운 우주 농장에서 비료로 사용할 재를 만들 수 있다. 그뿐만 아니라 거기서 발생한 열과 물, 이산화탄소를 식물이 다시 이용할 수 있다. 이러한 기계가 현실화되어 우주선에서 폐기물을 바로 태울 수 있게 되면, 장거리 우주여행이나 화성 탐사에 새로운 가능성을 열어줄 것이다.

오염된 하얀 얼음

북극을 생각할 때 우리는 보통 끝없이 펼쳐진 손대지 않은 상태의 하얀 얼음을 상상한다. 그러나 불행하게도 요즘의 북극권은 이런 상상과 거리가 멀다. 트롬쇠에 있는 노르웨이 극지연구소 연구원들에 따르면 북극에는 DDT부터 DDE, 폴리염화 바이페닐부터 플라스틱에 이르기까지 다량의 오염물질이 존재한다.

DDT(디클로로디페닐트리클로로에탄 dichloro-diphenyltrichloroethane은 1873년에 발명된 강력한 살충제로, 20세기 전반기에 말라리아를 옮기는 학질모기를 방제하기 위해 다량으로 사용되었다. 독성이 심해 유럽과 미국에서는 금지되었지만 일부 아프리카 국가에서는 여전히 사용되고 있다)와 폴리염화 바이페닐은 서류상으로 독성이 가장 강한 물질이다. 그러나 섬세한 극지 생태계에 가장 큰 위협은

겉보기에 덜 유해해 보이는 플라스틱이다.

해류에 실려온 오염물질들은 해안에 침적되거나 플랑크톤, 플라스틱 또는 현탁액의 잔류물과 결합한 채 물속에 남는다. 플라스틱 같은 물질도 장기간 햇빛과 충격에 노출되면 잘게 부스러져 마이크로 또는 나노 사이즈의 플라스틱으로 분해된다.

작은 조각의 미세 플라스틱은 그것을 플랑크톤으로 착각해 잘못 섭취한 해양 동물이 다시 곰이나 인간과 같은 더 큰 동물에게 먹히면서 먹이사슬에 빠른 속도로 진입한다. 혹독한 겨울 추위를 견디기 위해 극지방에 사는 동물들은 상당한 양의 지방을 축적해 외부로부터 보호하고, 불모의 기간 동안 영양 공급원으로 이용한다. 바로 거기에 오염물질들이 자리 잡고 축적된다.

동물들이 잘 먹고 건강한 동안에는 지방이 어떤 식으로든 유기체의 필터 역할을 하여 오염물질을 가둬둘 것이다. 그러나 어떤 이유에서 동물의 영양이 부족하기 시작하면, 자신의 저장지방을 태우고 그러면 오염원이 순환계로 들어와 짧은 시간 안에 내부 장기를 공격한다. 그리고 만약 우리가 비슷한 먹이를 먹고 살아온 동물을 먹는다면, 시간이 지나면서 동물들이 흡수한 오염물질을 우리 식탁에서 발견하게 될 것이다.

북극에 도달한 플라스틱은 환경은 물론 그것을 먹는 동물과 또 그 동물을 먹는 인간까지 오염시킨다.

온실 효과: 긴급한 문제

이탈리아 가수 잔니 모란디 Gianni Morandi는 "1,000개 중 하나가 할 수 있다Uno su mille ce la fa"라고 노래 부른다. 이 세기에 CO_2로 알려진 이산화탄소의 경우에는 그보다 더 적은 수로도 가능하다. 그런데 무엇을? 지구 대기 중 이산화탄소 분자의 농도는 1만 분의 4 정도 된다. 아주 작은 수이다. 즉석 복권 당첨 확률과 비슷하다.

그럼에도 이 최소한의 CO_2 농도는 온실효과로 불리는 대단히 미묘한 메커니즘의 주요 원인 중 하나이다. 온실효과는 지구가 우주에서 차가운 행성이 되는 것을 막아 무수한 생명체의 요람이 되게 했다. 그러나 이제는 인간 때문에 CO_2는 지금까지 그것이 보호해왔던 생명체를 오히려 파괴할 수도 있는 위협이 되었다.

우리 행성 표면의 평균 온도는 14°C인데, 태양에서 오는 전자기 복사에 의해 이 수준이 유지된다. 복사의 일부(3분의 2)는 흡수되고 일부(3분의 1)는 반사된다. 흡수되는 복사 중 대부분은 지구의 표면에서 흡수되고(전체의 약 50%), 더 적은 부분(약 20%)은 구름과 대기에서 흡수된다. 흡수된 복사는 재방출되는데, 이때 원래 태양으로부터 온 것과 다른 주파수의 복사를 내보낸다. 주로 적외선 형태이다.

여기에 중요한 점이 있다. 적외선은 이른바 온실가스에 의해 흡수되었다가 열 효과가 증폭된 채 다시 지구를 향해 방출된다. 이것이 바로 온실효과이다. 온실가스는 대기의 구성성분 중 아주 적은 부분을 차지한다. 질소와 산소는 각각 78%와 21%를 차지하고, 온실효과에는 미미한 영향을 미친다. 온실효과에 가장 크게 영향을 미치는 것은 대기 중에 평균적으로 1% 존재하는 수증기와 미량의 이산화탄소 및 메탄가스이다(이산화탄소는 400ppm[100만분의 400], 메탄가스는 이보다 더 적게 존재한다).

지구에서 우리를 생존하게 한 온실효과가 이제는 우리의 생존을 위협한다.

낮은 농도에도 불구하고 CO_2는 결정적인 영향을 미친다. 왜냐하면 그것이 조절자 역할을 하기 때문이다. 실제로 CO_2의 변이는 대기 온도의 변화를 유발하고, 이것은 다시 온실효과에 훨씬 더 강력한 영향을 미치는 수증기 함량을 변화시킨다. 이것은 섬세한 균형이며, 배우들의 작은 변동도 눈에 띄는 효과를 야기할 수 있다. 이것이 CO_2가 산업혁명 이래 인류가 만들어온 가장 위험한 쓰레기 중 하나라고 하는 이유이다.

지구는 온실이 아니다

비록 과학적 비유로서는 성공적이었을지 몰라도, 온실효과를 '태양열의 존재하에서 지구의 온도를 조절하는 과정'으로 정의하는 것은 완전히 정확한 것이라 할 수 없다. 이것은 1824년 프랑스 과학자 장 바티스트 조제프 푸리에가 지구에 입사하는 복사와 재방출되는 복사(특정 온도에서는 모든 물체가 그러하듯이)의 균형을 수학적으로 설명하면서 시작되었다. 지구가 대기로 둘러싸여 있지 않았다면 지금보다 훨씬 더 시원한 곳이 되었을 것이다. 설명을 위해 그는 태양을 향하는 한 면이 유리로 된 목재 상자 안에서 공기가 가열되는 것과 온실의 유사성을 사용했다. 온실에서 일어나는 것과 마찬가지로 유리면이 공기가 빠져나가는 것을 막음으로써 공기는 따뜻해진다. 오늘날 우리는 대기의 역할이 훨씬 더 복잡하다는 것을 알지만, 이 비유는 이미 뿌리 내려 버렸다.

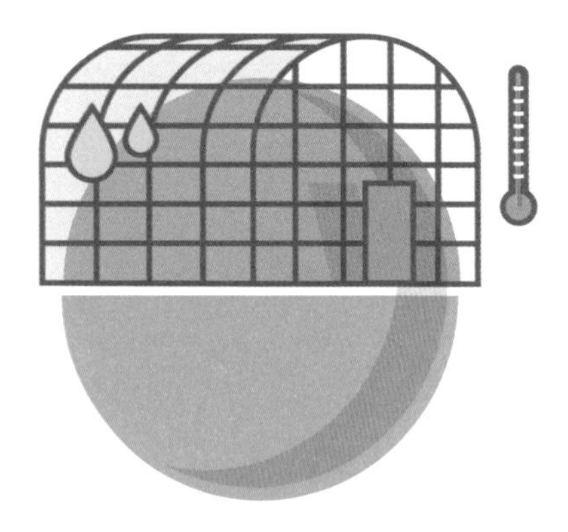

CO_2는 우리가 만드는 쓰레기 중 가장 위험한 것이다. 왜냐하면 우리의 환경을 극적으로 변화시키기 때문이다.

자연적인 균형을 변동시키고 온실가스 배출량의 지속적인 증가와 그에 따라 전 지구적 온난화가 초래되는 과정은 다양하다. 전기 생산과 수송, 산업 및 가정용 난방에 필요한 에너지원을 위한 화석연료의 지나친 사용, 쓰레기 매립, 농업과 집중 사육, 벌채 등이 있다.

오늘날 대기 중 CO_2의 농도는 지난 80만 년 이래 가장 높은 수준으로 400ppm이 넘는다. 모란디는 "1,000개 중 하나가 할 수 있다"고 노래했지만, 1만 개 중 4개가 우리가 살고 있는 환경을 극적으로 바꾸고 있다.

당신의 파란 눈,
그 푸름 속에서

"오 날아올라, 오 노래해. 당신의 푸른 눈 그 푸름 속. 그 안에 머무는 기쁨이여." 시대를 통틀어 가장 유명한 이탈리아 칸초네 중 하나에서 푸른 눈은 특별한 방식으로 찬양되었다. 푸른 눈은 특별한 매력을 발휘한다.

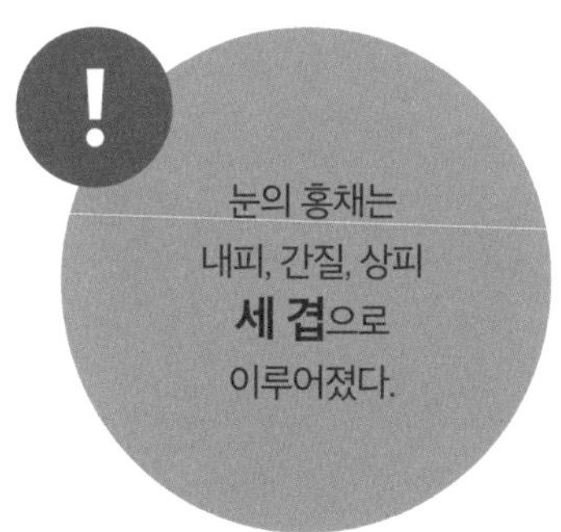

틴들 효과는 푸른 눈 뒤에 숨겨진 사실을 알려준다. 그렇지만 그게 쓰레기와 무슨 상관 있을까?

눈이 푸르게 보이는 이유는 틴들 효과로 설명된다. 틴들 효과는 그 현상을 처음으로 연구한 아일랜드의 다재다능한 의사 존 틴들John Tyndall(1820~1893)의 이름에서 유래되었다.

눈이 채색된 부분인 홍채는 사실 상피, 간질, 내피라는 세 개의 층으로 이루어져 있다. 간질은 결합조직으로 구성되고 어두운 색소인 멜라토닌을 함유하고 있을 수 있다. 빛이 눈에 들어오면 간질 안으로 산란된다.

틴들 효과에 따르면 빛의 청색 파장 부분은 에너지가 낮은 적색 성분보다 더 큰 강도로 산란된다. 멜라토닌이 있으면 그것이 빛의 일부를 흡수해 눈이 어두운색으로 보인다. 만약 멜라토닌이 없다면(푸른 눈을 가진 사람들의 경우) 간질 구성 입자 밖으로 빛이 산란되고, 틴들이 예측한 것처럼, 눈은 푸른색을 띨 것이다.

그러나 그것이 폐기물과 무슨 상관일까? 이것은 틴들과 관련 있다. 그는 과학자였을 뿐만 아니라 등반가였으며, 1861년에 바이스호른 정상에 도달한 첫 번째 그룹의 일원이기도 했다. 그의 열정 덕분에 그는 빙하작용과 수만 년 전 북유럽을 덮고 있던 빙하가 사라진 문제에 관심을 가지게 되었다. 이 문제를 연구하던 중, 1859년 틴들은 대기 중에 존재하는 수증기나 일산화탄소 같은 일부 기체가 지구에서 방출되는 열을 잡을 수 있다는 것을 실험적으로 증명해, 온실효과에 대한 현대적 설명의 토대를 놓았던 것이다.

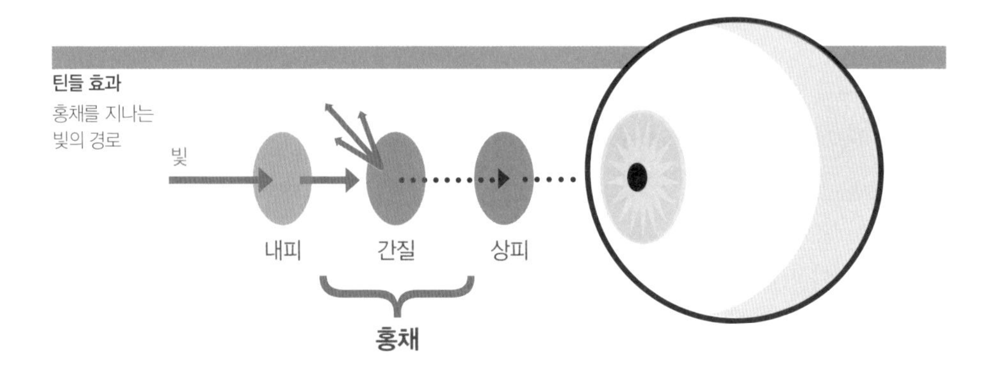

틴들 효과
홍채를 지나는 빛의 경로

주요 온실가스

이산화탄소CO_2. 탄소 원자 한 개와 산소 원자 두 개로 이루어진 이산화탄소는 화석연료(석탄, 석유, 천연가스), 고체 폐기물 및 목재를 연소시킬 때나 일부 화학제품을 생산할 때 대기 중으로 방출된다. 예를 들면 시멘트의 생산에서 이산화탄소는 석회석에서 시멘트를 생산하는 데 필수적인 석회화 반응의 생성물이면서 화로를 가열하는 데 사용되는 연료 연소의 생성물이기도 하다. 반대로 자연 탄소 순환 과정인 광합성으로 식물에 흡수되면서 대기로부터 제거되기도 한다.

메탄CH_4. 탄소와 수소로 구성된 메탄은 석탄을 추출하는 동안, 농업에서(예를 들어 논에서 혹은 동물의 소화 과정에서 방귀 형태로 방출된다), 도시의 쓰레기 매립지에서, 화석연료의 생산과 운송 과정에서 발생한다. 대기에서의 농도는 이산화탄소보다 훨씬 낮지만, 온실가스로서 이산화탄소보다 30배나 강력한 효과를 발휘해 지구온난화에서 매우 중요한 역할을 한다.

지구온난화지수

Global Warming Potential, GWP

각각의 온실가스가 지구온난화에 미치는 잠재력이 계산되었다. GWP는 온실가스가 지구온난화에 미치는 영향을 측정한 값으로, 특정 시간 간격을 기준으로 계산된다. 통상적으로 20년, 100년 또는 500년의 기간이다. 예를 들어 100년간의 이산화탄소 GWP를 1로 놓을 때, 메탄은 30, 산화질소는 298인데, CFC-11로 더 잘 알려진 트라이클로로플루오로메테인은 4,750이다.

미국 2015 온실가스 배출 분포 예

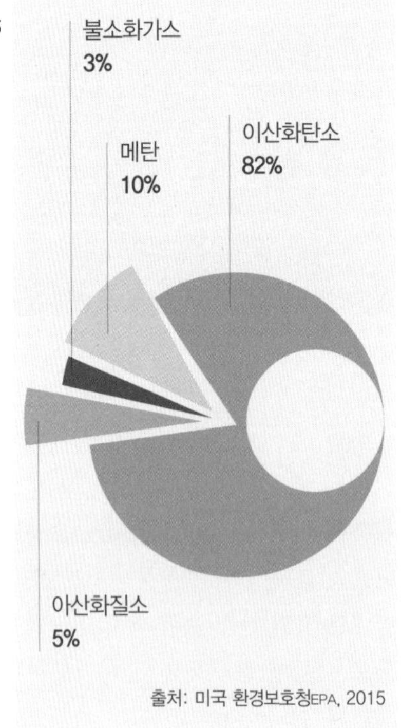

출처: 미국 환경보호청EPA, 2015

아산화질소N_2O. 질소 비료와 분뇨를 사용하는 농업 활동이나 화석연료를 사용하는 산업 활동에 의해 생산된다.

다양한 공정에서 배출되는 수소화불화탄소HFCs(대체 프레온 가스 중 하나), 과불소탄소화물, 헥사플루오르화황SF_6과 같은 불소화 기체들은 강력한 온실가스이다. 수소화불화탄소가 응용된 가장 잘 알려진 예는 에어컨이나 냉장고에 쓰이는 냉매이다.

연소의 화학

연소는 급격한 산화 화학 과정으로, 연료인 물질은 연소 중에 산화제라고 불리는 물질과 반응한다. 연소 과정에서 화학에너지가 불꽃을 동반한 열 형태로 방출되고 가끔은 전자기복사(빛)를 내면서 열에너지로 변화된다.

산화는 원래 물질이 산소와 반응하는 것을 지칭하는 용어로, 더 정확하게는 산화되는 물질이 산화시키는 물질에 전자를 잃는 과정이다. 실제적인 예는 호흡이다. 호흡할 때는 공기 중의 산소가 신체로 유입되어, 화학반응을 통해 에너지를 만들어내고 날숨을 통해 물과 이산화탄소를 배출한다.

연소의 경우, 산화제는 전형적으로 산소인 반면, 연료는 자연적인 기원이거나 인공적으로 생성된 기체, 액체 또는 고체가 될 수 있다. 연료가 화석연료이거나 나무 같은 생물학적 기원일 경우 탄소를 함유하고 있으므로 연소 시 이산화탄소(CO_2)가 발생한다. 고전적인 예는 메탄(CH_4)의 연소이다. $CH_4 + 2O_2 \rightarrow CO_2 + 2H_2O$. 이때 산소결핍 상태에서 연소가 일어나면 위험하고 독성이 있는 일산화탄소(CO)가 발생한다.

연소는 화학에너지를 열에너지로 전환한다.

메탄의 연소 방정식

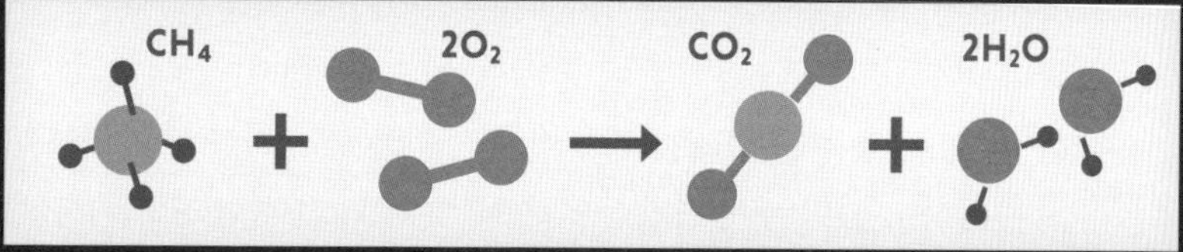

CH_4 + $2O_2$ → CO_2 + $2H_2O$

버려지는 음식

냉장고와 식품저장실은 우리에게 묻는다. 이 안에 있는 것 중 실제로 얼마나 소비하는가? 서방 국가에서는 쓰레기가 매우 많이 나오고, 유감스럽게도 여전히 먹을 수 있는 음식을 버리는 관행이 점점 증가하고 있다. 유럽연합EU의 의뢰를 받아 2016년에 발표한 「유럽 음식물 쓰레기 수준 평가Estimates of European food waste levels」 보고서에 따르면 세계 식량 생산량의 3분의 1에서 절반 정도가 소비되지 않는다.

이 데이터는 다양한 출처에서 수집한 것이며 서로 다른 유형의 음식물 쓰레기(이 표현에는 가정에서 버린 쓰레기뿐만 아니라 시장 가격이 너무 낮아 경

2011년 EU는
1인당 **865kg**의
음식물을
생산했다.

우리는 포장만 버리는 것이 아니다. 매일같이 먹을 수 있는 음식물 중 많은 것이 버려지고 있다.

작지에 버려지는 수확물, 식당과 농장에서 나온 남은 음식물, 산업 생산에서 나온 폐기물 등이 포함된다)를 비교해야 하는 어려움이 있다. 어쨌든 분명한 것은 음식물 중 쓰레기가 되는 양이 막대하다는 사실이다. EU로만 한정하더라도, 버려지는 음식물이 2012년 추정 8,800만 톤에 달한다. 매년 유럽 시민 1인당 평균 173kg의 음식물을 버리는 셈이다. 2011년 EU에서 생산된 1인당 음식물의 양이 865kg이라는 것을 감안하면 약 20%가 버려지는 셈이다. 요컨대, 파스타 5봉지, 달걀 5개 혹은 요구르트 5통 중 하나는 곧바로 쓰레기통으로 직행한다는 말이다.

2012년 유럽에서 음식물 쓰레기 관련 비용은 1,430억 유로로 추정되며, 이 중 3분의 2(약 980억 유로)는 소비자가 부담한다. 흥미롭게도, 보고서에 따르면 버려진 음식물의 약 60%는 여전히 먹을 수 있는 것이다. 이는 곧 먹을 수 있는 음식물 쓰레기 1톤당 3,529유로를 낭비하는 것과 같다.

우리는 바로 우리가 먹는 것인가?

독일 철학자 루트비히 포이어바흐Ludwig Feuerbach는 1862년 「인간은 바로 그가 먹는 것이다」라는 에세이를 발표했다. 거기서 그는 인간의 마음과 몸은 뗄 수 없이 결합되어 있으므로 사람들의 영적 상태를 개선하기 위해서는 더 잘 먹을 필요가 있음을 설파했다. "음식 이론은 윤리적으로나 정치적으로 커다란 중요성을 지니고 있다. 음식은 피가 되고, 피는 감정과 사고를 관장하는 심장과 뇌로 흘러들어간다. 인간의 음식은 문화와 정서의 바탕이 된다. 만약 더 나은 인간을 만들고 싶다면 죄에 대해 열변을 토하는 대신 더 나은 식사를 제공하라. 인간은 바로 그가 먹는 것이다." 그런데 만약 인간은 또한 바로 그가 버리는 것이라면?

만약 음식물 쓰레기를 하나의 나라로 치면, 세계에서 세 번째로 큰 온실가스 배출원이다. 미국과 중국 다음으로.

LICK THE PLATTER CLEAN
VERNON GRANT
Don't Waste FOOD
WAR FOOD ADMINISTRATION

고장 나는 게 선호되는…

2000년대 중반을 살아가는 우리의 사유 지평 안에서는, 최신 기술 혁신을 좇아서 기껏해야 2년 사용하고 새것으로 교체할 전화기나 컴퓨터 또는 신발과 같은 값비싼 물건을 사는 것이 너무나 자연스럽게 여겨진다. 우리는 오늘날 개인의 선택이 취향이나 기술적 진보에 따른 것이라고 생각하지만, 사실은 「계획된 구식화를 통한 불황의 종식Ending the Depression Through Planned Obsolescence」이라는 에세이에서 버나드 런던Bernard London이 1932년에 처음 사용했다. 이 에세이에서 그는 의도적으로 물건들을(그리고 소비자의 취향을) 노후화시키는 것이 재화와 서비스의 수요와 공급에 기초한 자본주의 경제를 지탱하는 데 유용하다는 사실을 이론화했다.

계획된 노후화는 새로운 것이다. 왜냐하면 **1932년**까지 거슬러 올라가기 때문이다.

우리가 사는 상품은 종종 짧은 수명을 가지도록 만들어진 것이다.

1930년대, 미국과 세계 일부 국가는 1929년의 대공황으로 위기에 처해 있었고, 런던에서는 효과적으로 소비자가 물건을 계속 사도록 만들기 위해 오래가지 않고 한정된 횟수만 사용할 수 있게 디자인된 상품을 만들 것을 제안했다. 이것은 소비지상주의와 더불어 역사상 유례없는 양의 쓰레기 발생에 책임이 있다.

거기에 생명이 살아 있는 한…

인간은 '이것'을 스스로 만들어놓고 가능한 한 빨리 없애기를 원한다. 아주 적게 만들지도 않는다. 보통 한 사람이 하루에 100~250g, 또는 전 세계적으로 매일 10억kg 정도 만들어낸다. 매일 엠파이어스테이트 빌딩 크기의 마천루를 가득 채울 수 있는 양이다. 생명에 근본적으로 필요한 물질이면서 동시에 당혹감의 원천이기도 한 이 쓰레기는 완곡어법을 쓰거나 말을 돌리지 않고는 이야기할 수 없는 화제이다.

우리 생명에 대한 정보로 가득한 쓰레기

현대 사회에서 똥은 이상한 운명을 지니고 있다. 인체가 만드는 배설물은, 우리 존재의 시작부터 끝까지 함께하는 쓰레기로서 생명과 밀접하게 연결되어 있기 때문에, 쓰레기를 논하는 책에서 정당한 지면을 할애하지 않을 수 없다. 또한 똥은 우리에게 많은 것을 알려준다. 우선 우리의 건강에 대해 너무나 많은 것을 말해주기 때문에 머지않아 의학적 목적으로 그것을 분석하게 될 것이다. 그로부터 얻은 정보는 매우 귀중하다. 예를 들면 대장암 예방을 위한 대변 모니터링은 점점 전체 인구 표본으로까지 확산되고 있다.

그리고 건강 상태뿐 아니라 우리 세계의 모순도 이야기해준다. 60억 명이 휴대전화를 사용할 수 있는 데 반해 50억 명만 품위 있고 안전한 위생시설을 이용할 수 있다. 그리고 10억 명은 여전히 불안정한 위생 상태로 야외에서 용변을 해결하는데, 이는 건강에 심각한 결과를 가져온다. 특히 어린아이들에게는 더 문제이다(인도에서만 매년 5세 이하 어린이 11만 7,000명이 설사로 인해 사망한다).

배설물은 여러 가지 이유로
국제 과학계에서 사랑받는 주제이다.

유엔은 2030년까지 야외에서의 배변 관행을 근절하기 위해 설치와 관리가 쉬우면서 경제적인 위생 변소를 개발하겠다는 목표를 세웠다. 많은 연구가 이루어지고 있으며 인간과 동물이 만든 쓰레기를 재활용하는 새로운 기술들이 개발되고 있다. 예를 들면 그것들을 에너지와 비료로 변환함으로써 환경에 미미한 영향만 미치도록 제한하는 것을 목표로 하고 있다.

가축 사육으로 대략 70억 톤의 이산화탄소가 발생하는데, 이는 인간 때문에 배출되는 온실가스의 14.5%에 해당한다. 이것은 반추동물의 소화 과정 중에 발생하는 가스(잘 알려진 장내 가스)와 동물의 사료 및 배설물에 관련된 활동 때문에 일어난다.

또한 과학자들은 우주인들의 소변을 재활용하고, 하수도를 연구함으로써 약물의 확산을 막고, 변기를 시험하기 위한 인공 대변을 만들고, 대장 질환을 근절할 수 있는 대변 이식 기술을 연구하고, 화석화된 대변을 통해 선사시대를 연구한다.

요컨대, 무시받아온 이 배설물은 정말 중요하다. '그것'에 대해 이야기하는 것이 예의에 어긋난다 해도 어쩔 수 없다. 그것은 우리를 웃게 만들기도 하는데 이에 대해서도 이야기할 것이다.

쓰레기의 계층구조

줄이고reduce, 재사용하고reuse, 재활용하고recycle, 회수(복원)하기recover. 이것은 쓰레기 계층구조에서 가장 상위에 있는 4개의 R이다. 세계의 쓰레기를 최소화하고 처리하기 위한 정책, 행동, 과정의 세트이다. 주요 세계 경제가 인정한 쓰레기의 계층구조는(유럽위원회나 미국과 호주 환경보호기관의 문서들에서 찾을 수 있다) 역피라미드 모양을 하고 있다. 위에 있는 것들은 우선적으로 보다 널리 퍼져야 할 행동들이고, 아래로 갈수록 덜 바람직하고 바라건대 덜 널리 퍼져야 하는 선택들이다.

첫 번째 R은 줄여라reduce이다. 흔히 말하듯 '예방이 치료보다 낫다'는 것은 쓰레기의 경우도 마찬가지이다. 따라서 쓰레기를 다루는 가장 좋은 기술은 의심의 여지없이 쓰레기를 만들지 않는 것이며, 적어도 그 양을 확실하게 줄이는 것이다. 이를 위해 지역사회와 산업체, 정부는 자원 사용의 효율성을 극대화하도록 장려하여, 꼭 필요하지 않은 물건의 생산과 소비에 쓰이는 원재료의 양을 줄이는 것이 필요하다. 이는 재활용한 물질을 최대한 많이 사용하고, 오염물질의 사용을 피하면서, 생산을 위해 되도록 적은 에너지를 사용하며, 한번 사용한 뒤에도 재활용할 수 있는 제품을 세심하게 설계하도록 이끈다. 또한 절제되고 지능적으로 포장된 물건을 선택하게 하고, 일회용품을 피하도록 하며, 생분해성 제품을 선호하게 하고, 남은 음식을 버리기보다는 활용하도록 유도한다.

두 번째 R은 재사용reuse이다. 적절하게 유지보수하면 원래 목적으로 사용할 수 있는 제품과 부품을 버리는 것을 피하게 하는 것이 매우 중요한 포인트이다. 가전제품, 프린터, 잉크 카트리지는 물론 의류와 가구도 재사용할 수 있다.

재사용할 수 없는 것은 가능한 한 많이 재활용recycle해야 한다. 이것이 세 번째 R이다. 사실 우리가 버리는 쓰레기의 대부분은 재활용이 가능하며, 이렇게 하면 많은 이점이 있다.

우리는 쓰레기를 적게
만들어야 하고,
만들어진 쓰레기는
재사용하고, 재활용하며,
회수해야 한다.

- 매립지로 갈 물질의 양이 줄어든다.
- 일반적인 온실가스 및 오염물질 배출이 감소한다.
- 에너지가 절약되고, 이것은 다시 녹색 기술 발전을 촉진한다.
- 일자리가 창출된다.
- 자연에서 추출한 원자재의 사용이 줄어든다.

플라스틱, 종이, 유리, 금속(심지어 귀금속까지) 모두 재활용 물질에서 얻을 수 있다. 따라서 활용할 원자재가 별로 없는 나라의 경우, 특히 과중한 수입의 필요성을 줄여준다. 유럽연합 집행위원회European Comminssion의 보고서에 따르면, 알루미늄을 재활용하면 제품을 새로 생산하는 데 드는 에너지의 95%를 절약할 수 있다.

마지막 네 번째 R은 회수recover이다. 일부 폐기물은 전기발전기나 건물 난방 시스템의 연료가 될 수 있기 때문에 에너지를 회수할 수 있다. 이것은 폐기물의 연소에 의해 생성된 열이 회수되는 소각로, 즉 폐기물-에너지 플랜트에서 일어난다.

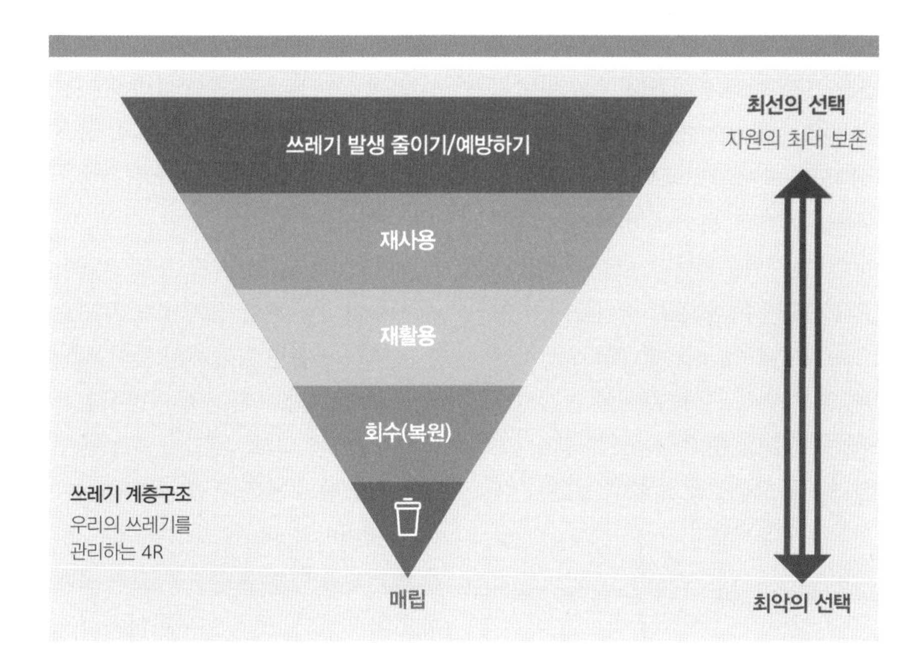

이들 플랜트는 한 번씩 논란의 대상이 되고, 당연히 설계단계와 운영단계 모두에서 매우 엄격한 규칙을 준수해야 한다. 폐기물(특히 유해 폐기물)을 효과적으로 연소시키기 위해서는 매우 높은 온도에서 작동해야 하고 재, 다이옥신 및 기타 유해한 화학원소의 배출은 엄격한 통제하에 이루어져야 한다.

현재 폐기물-에너지 플랜트에 관한 유럽 표준이 매우 엄격함에도 불구하고 그 사용은 최소한으로 줄여야 하며, 놀랍지 않게도 그것들은 쓰레기 계층구조상 아래에서 두 번째에 해당한다. 유럽 폐기물-에너지 플랜트 연합CEWEP 자료에 따르면 프랑스는 유럽에서 가장 많은 126개의 소각로를 보유하고 있고, 독일은 99개, 이탈리아는 43개로 그 뒤를 잇고 있다. 이들 플랜트에서 처리된 쓰레기양을 따져봤을 때, 독일은 연간 2,500만 톤으로 가장 많고, 프랑스는 1,470만 톤, 영국은 790만 톤이다. 이탈리아는 연간 약 630만 톤이다.

역피라미드의 바닥에는 최후의 그리고 가장 바람직하지 않은 선택인 매립이 자리한다. 매립discarica은 R로 시작되지 않더라도 R을 가진다. 매립지는 달리 처리할 수 없는 고형 폐기물이 영구적으로 저장되는 장소이다. 이것은 가장 오래된 폐기물 처리 방법이지만 여러 가지 부정적인 결과로 인해 최악의 선택이기도 하다. 그중 가장 큰 문제는 메탄의 생성과, 빗물같이 다양한 경로를 통해 형성된 침출수이다. 메탄과 침출수는 제대로 거둬들이지 않으면 환경과 건강에 대단히 부정적인 영향을 끼친다. 실제로 메탄은 대기로 방출되면 위험한 온실가스가 되고, 침출수는 독성물질을 포함해 토양과 대수층을 오염시킨다.

알루미늄을 재활용하면 알루미늄을 새로 생산하는 데 드는 에너지의 약 **95%**를 절감할 수 있다.

이런 이유 때문에 현대적인 매립지는 환경에 미치는 충격을 최대한 줄이기 위해 매우 정교한 예방조치와 함께 설계되어야 한다. 특히 바닥과 측면은 지오멤브레인geomembrane(인공차수막, 폴리에틸렌 같은 합성물 막)으로 만들어진 방수장벽을 치고, 공기에 노출된 표면은 흙이나 톱밥으로 매일 덮어 폐기물을 주변 환경과 완전히 격리시켜야 한다. 거기에 더해, 매립지는 침출수 배수 시스템과 메탄 포집 시스템을 따로 갖추어야 한다. 분리 수거되지 않은 폐기물을 매립 처리하는 것은 절대적으로 피해야 한다. 이탈리아에서도 시행되는 유럽연합훈령 99/31/EC는 유기탄소 함유량이 낮은 물질과 재활용할 수 없는 물질만 매립하고, 퇴비화와 재활용을 우선 전략으로 하라고 규정하고 있다. 그러나 아직 갈 길이 멀다.

이탈리아 환경보호연구원ISPRA의 2017년 도시 폐기물 보고서에 따르면, 도시 폐기물의 25%가 매립되고, 18%는 소각장으로 보내지는 데 반해, 2% 정도만 생산주기 내 사용과 전기에너지 생산을 위해 플랜트로 보내진다. 폐기물 재활용 비율은 45%이다.

지역마다 다른 쓰레기통

이탈리아는 1,000개의 마을과 1,000개의 종탑을 가진 나라이다. 그리고 그만큼 많은 방식으로 쓰레기를 수집한다. 대부분의 사람은 아침에 쓰레기통을 비우는 압축기 트럭이 익숙하지만, 역사의 중심지 베네치아 주민들이 버린 쓰레기는 보트에 실려간다. 곤돌라 같은 배가 아니라 카트를 들어 올릴 수 있는 크레인과 분리수거를 위한 격실과 압축기를 장착한 효율적인 보트이다. 환경미화원이 이 보트를 타고 집집마다 돌아다니면서 쓰레기를 수거한다.

팔레르모 지방의 카스텔부오노와 임페리아 지방의 몬탈토 리구레에서는 분리 수거된 쓰레기를 당나귀가 등에 싣고 다닌다. 동물들은 기계적인 수단이 가기 어렵거나 갈 수 없는 좁은 골목과 오솔길을 통과할 수 있고, 통행료나 보험료도 내지 않으며 확실히 비싸지 않은 연료를 소비한다.

마지막으로 공기 좋고 경치가 뛰어난 손드리오주 노바테 메출라 지역 산악 마을에서는, 등산대피소에서 쓰레기를 처리하는 것처럼, 배낭에 담아 케이블카를 이용해 아래로 내려보낸다.

환경이 오염되면 건강을 해친다

인류는 후손들에게 생명을 전해주고, 지식과 전통 등을 남긴다. 그렇게 인류는 수천 년 동안 진보해왔다. 그러나 이제 뭔가에 막혀 있다. 우리가 전례 없이 엄청난 쓰레기를 남기고 있기 때문이다. 때로는 그것을 숨겨두고, 때로는 아무런 통제 없이 흩뿌려진 채 내버려두기도 한다. 우리가 만든 쓰레기를 후세에 떠넘기면서 오염을 극적으로 악화시키고, 미래 세대의 앞날을 저당 잡고 있다.

존재하지 않는 (플라스틱) 섬

태평양은 지구에서 가장 크고 깊은 바다이다. 면적이 대략 1억 6,200만km²로 모든 육지 면적을 더한 것보다 더 크다. 그러나 우리 행성이 가진 물의 절반 이상이 있을 정도로 거대함에도 불구하고 점점 증가하는 엄청난 양의 쓰레기를 감출 수는 없다. 무엇보다 플라스틱이 가장 큰 문제이다. 낚시 그물, 병, 봉지와 통, 몇 센티미터에서 수십억 분의 1m에 이르는 작은 플라스틱 조각들이 있다.

이 쓰레기가 바다 위를 떠다니면 해양에 무작위로 분포하지 않고 해류와 바람에 의해 특정 지점에 모인다. 플라스틱의 버뮤다 삼각지에는 소용돌이 모양으로 바다 표면의 위아래에 축적된 쓰레기가 몇 미터 깊이의 층을 이루어 몇 킬로미터나 뻗어 있다. 그것을 '쓰레기섬'이라고 부른다. 이 섬에는 플라스틱 외에도 조류, 플랑크톤, 박테리아 및 다양한 물질이 있다. 이 '섬들' 중 가장 큰 것은 캘리포니아와 하와이 사이의 고기압 대에 형성되어 있다. 그것이 얼마나 퍼져 있는지는 정확하게 알려지지 않았으며 추정치 또한 변이가 상당히 크다. 그 크기는 70만km^2(스페인과 포르투갈을 합한 면적보다 크다)에서 1,000만km^2 이상(미국보다 크다)까지 변동한다. 쓰레기가 집적되는 두 번째로 큰 지역은 일본 남동부 해안에 위치해 있다.

태평양에만 이런 문제가 있는 것은 아니다. 북극, 남극, 대서양뿐만 아니라 심지어 지중해에서조차 떠 있는 플라스틱의 농도가 증가하고 있고, 어떤 경우에는 많은 양의 쓰레기 축적물이 형성되기도 한다.

그런데 사실 섬이라고 부르지 않는 게 좋겠다. 미국 국립해양대기청NOAA에 따르면 사실 이 용어는 잘못된 것이며 사용해서는 안 된다. 그렇지만 부정한다고 될 문제가 아니다. NOAA는 1988년에 이러한 쓰레기 섬의 존재를 처음 예견했는데, 몇 년 뒤 바다에서 실제로 그 존재가 확인되었다.

전문가들에 따르면, 문제는 '섬'이라는 용어가 우리에게 대양 한가운데 떠 있는 육지로, 거기서 쓰레기가 물 표면

2014년 국제해변청소 캠페인에서 **91개국** **22,000km** 길이의 해안선에서 수집된 쓰레기 중 가장 많은 **10종**

순위	품목	개수
1	담배 필터	2,248,065
2	식품 포장	1,376,133
3	플라스틱병	988,965
4	플라스틱 뚜껑	811,871
5	빨대와 음료수 젓는 막대	519,911
6	여러 가지 플라스틱 가방	489,968
7	비닐봉지(쇼핑용)	485,204
8	유리병	396,121
9	음료수 캔	382,608
10	플라스틱 컵과 접시	376,479

에 떠 있는 일종의 토양 같은 것으로 생각하게 만드는 것이다. 그러나 그렇지 않다. 사실 상당한 크기의 물체가 이런 지역에 집중되더라도, 대부분 플라스틱 조각은 너무 작아서 심지어 인공위성의 강력한 눈에도 잡히지 않는다.

따라서 얼마나 많은 양이 대양에 퍼져 있는지 정확하게 추정하기 어렵다. 많은 양의 플라스틱이 물 표면이 아니라 바닥이나 수면 몇 미터 아래 가라앉아 있다. 플라스틱은 생분해biodegrade되지는 않지만 다른 한편으로 이른바 광분해photodegrade된다. 즉 플라스틱을 구성하는 고분자의 크기로 되돌아갈 때까지 점점 더 작은 조각으로 부서진다. 그러나 그것들이 비록 육안으로는 보이지 않더라도 중합체의 생분해는 여전히 어려움이 있다. 이 해양 쓰레기

만약 쓰레기 집적 지역이 진짜 섬이 되면 어떻게 될까?

섬에 그것들을 먹을 수 있는 생물체의 군집이 살고 있다고 가정한 사람들도 있지만 아직 그 가설은 증명되지 않았다. 그리고 더 나쁜 것은 이 플라스틱 조각들은 아주 작은 크기로 물속을 떠다니기 때문에 물고기와 다른 해양동물이 플랑크톤으로 쉽게 오인함으로써 먹이사슬에 들어간다는 것이다.

'플라스틱 섬'의 토양이 단단하다고 해도, 섬으로 인정받기 위해선 유엔 해양권리협약에 따라 인간이 정착해서 자율적인 경제생활을 할 수 있어야 한다. 미래에 이런 일이 일어날 거라고 상상하기는 어렵다. 그러므로 이 쓰레기 더미는 법적으로 섬이라고 할 수 없다. 그러나 이런 플라스틱 더미가 정말로 섬이라면 어떻게 될까?

이 아이디어는 예술가 마리아 크리스티나 피누치Maria Cristina Finucci의 상상력에 강한 영감을 주어(그의 작품은 때때로 규칙의 전복으로 구성된다) 유네스코와 환경부의 후원을 받아 '쓰레기 구역 국가-웨이스트랜드Garbage Patch State-Wasteland'라는 미술 프로젝트로 시행되었다. 여기선 거대한 쓰레기 더미를 그 자체로 국가라고 선포했다. 설립일인 4월 11일을 국경일로 삼고, 로마 맥시Maxxi 국립현대미술관에 첫 대사관을 열었다.

뜰 것인가 가라앉을 것인가?

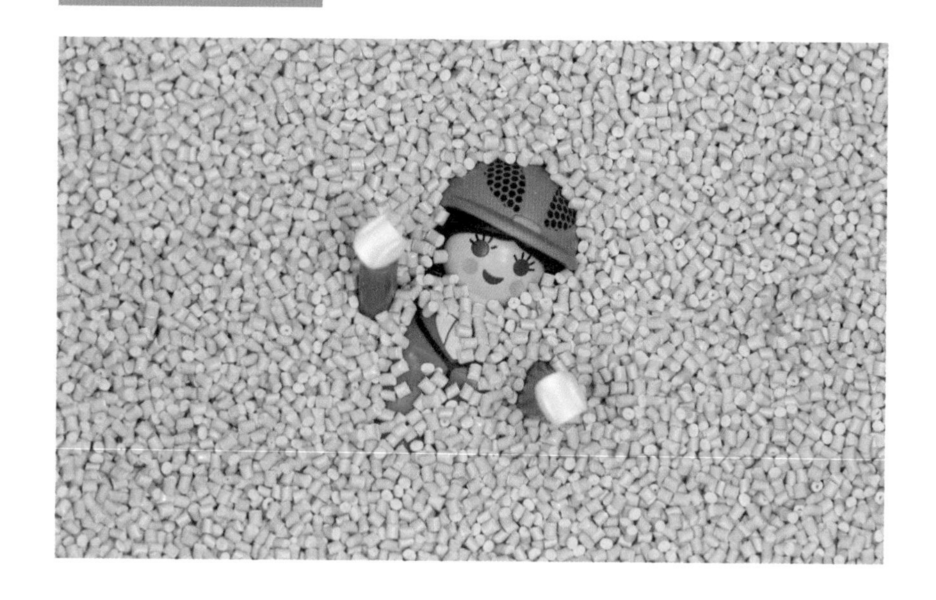

"유레카!" 아르키메데스는 시라쿠사의 지배자 히에론 2세가 낸 문제를 해결한 뒤 욕조에서 뛰쳐나와 벌거벗은 채 도시를 뛰어다니며 이 말을 외쳤다.

히에론왕은 금세공인에게 금관의 제작을 맡기면서 제작에 필요한 양의 금을 주었다. 그러나 금의 일부를 은과 같은 덜 귀한 금속으로 바꿔치기하고 금으로 속인 것은 아닌지 의심이 들어 아르키메데스를 찾았다.

왕관의 무게와 상응하는 금의 무게가 같을 때, 이 귀중한 수공품을 훼손하지 않고 어떻게 증명할 수 있을까? 역사가 비트루비우스Vitruvius에 따르면 아르키메데스는 목욕 중에 자기 이름이 붙은 원리를 발견했다고 한다. 그가 발견한 것은 액체에 담긴 모든 물체는 아래에서 위로 뜨려는 부력을 받으며, 그 크기는 물체가 밀어낸 것과 부피가 같은 액체의 무게와 같다는 것이다.

**바다에 던져진 플라스틱이
뜰 것인가 가라앉을 것인가는
아르키메데스가 말해줄 것이다.**

그러므로 아르키메데스는 저울의 접시에 왕관과 같은 무게의 금 조각을 각각 올리면 아무런 차이를 볼 수 없겠지만, 물에 넣어서 저울에 달면 다를 것이라고 생각했다.

왕관과 금 모두 그들의 무게가 아닌 그들이 밀어낸 물의 무게와 같은 부력을 받았을 것이다. 그리고 만약 왕관이 금보다 비중이 작은 은을 포함하고 있다면, 더 큰 부피를 가질 것이고 더 큰 유체정역학적 힘을 받아 저울의 양팔은 더 이상 평형 상태가 아닐 것이다. 결국 왕관이 금 조각보다 부피가 크다는 것이 밝혀져 세공인의 사기가 드러났다.

쓰레기의 경우, 특히 플라스틱으로 이루어진 경우 아르키메데스의 원리가 그것의 운명을 예측하는 데 매우 유용하다는 것이 증명되었다. 플라스틱이 바다에 가라앉는가 아니면 떠다니는가? 이 질문의 의미를 이해하려면, 플라스틱이 마치 단일 소재인 것처럼 말하는 것은 대체로 잘못된 것임을 유념해야 한다. 플라스틱에는 많은 유형이 있다. 그 구성에 따라 재활용될 것인지 또는 물에 들어갔을 때 운명이 어떻게 될 것인지 결정된다.

전체의 10%에 해당하는 바닷물보다 밀도가 낮은 플라스틱은 물에 떠서, 해류와 바람에 내맡겨진 채 대양으로 흘러들어간다. 그리고 나머지 90%의 물보다 밀도가 높은 플라스틱은 가라앉아 다른 퇴적물 입자와 함께 해저에 쌓인다.

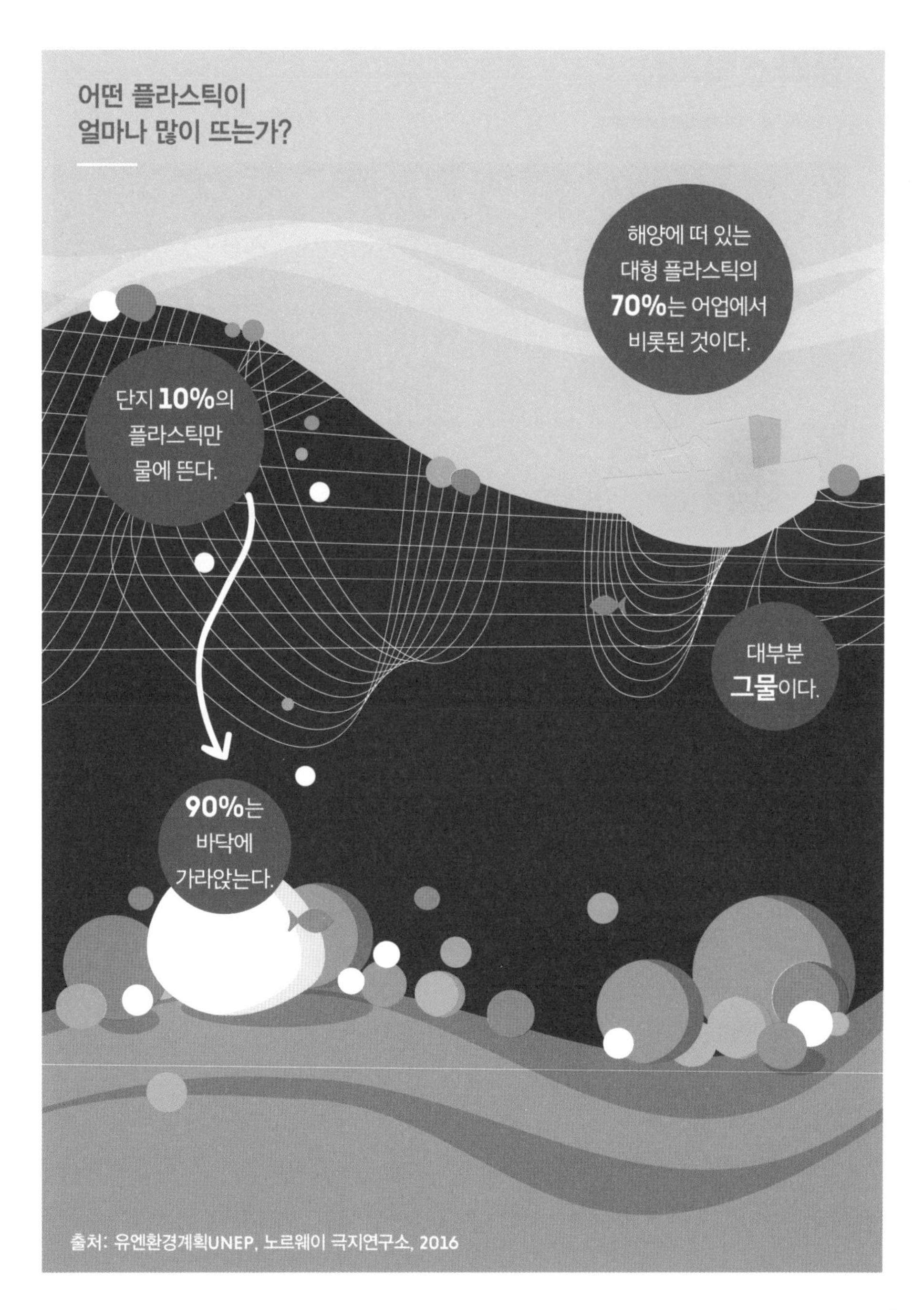
어떤 플라스틱이
얼마나 많이 뜨는가?
해양에 떠 있는
대형 플라스틱의
70%는 어업에서
비롯된 것이다.
단지 10%의
플라스틱만
물에 뜬다.
대부분
그물이다.
90%는
바닥에
가라앉는다.
출처: 유엔환경계획UNEP, 노르웨이 극지연구소, 2016

플라스틱기紀

플라스틱에 의해 지배되는 새로운 지질학 시대인 '플라스틱기紀'에 온 것을 환영한다. 미래의 고고학자들이 수백 년 혹은 수천 년 뒤 우리가 사용한 플라스틱을 발견한다면 우리 시대를 이렇게 부를 것이다. 일반적으로 플라스틱이라는 용어는 다양한 물질을 지칭하는 데 쓰이는데, 그중에는 많은 합성고분자(가장 흔한 것으로는 폴리염화비닐PVC, 폴리에틸렌PE, 폴리에틸렌 테레프탈레이트PET가 있다)와 이른바 녹색 또는 바이오플라스틱이 포함되어 있다.

전자는 석유에서 생산된 것이고, 후자는 식물에서 나온 바이오매스로부터 생산된 것이다. 우리가 흔히 플라스틱이라고 부르는 것의 기원에 따라 플라스틱의 생분해성이 클지, 작을지, 아니면 없을지 결정된다. 고분자는 자연에서 발견되는 긴 분자(예를 들면 종이를 만드는 데 사용되는 셀룰로오스나 DNA)일 수도 있고 실현될 분자의 가장 흥미로운 특성을 선택해 인공적으로 합성할 수도 있다.

고분자의 종류가 자연에서 플라스틱 물질이 어떻게 될지 큰 영향을 미치지만 생분해될 환경적 조건의 영향도 크게 받는다. 생분해성은 장소에 따라 변화가 상당히 많기 때문에 좀 더 명확한 설명 없이 생분해성이란 용어를 사용하는 것은 다소 부적절하다.

예를 들어 보통 생분해성 쇼핑백이 완전히 분해되어 적절한 시간 척도 안에 물, 이산화탄소, 메탄과 같은 초기 성분으로 되돌아가기 위해선 약 50°C의 온도가 필요하다. 플라스틱 병을 만드는 데 사용되는 PET는 3,400°C의 온도가 필요하니, 이것보다는 낫지만 그래도 여전히 대자연에 도움이 되기는 어렵다.

생분해성 플라스틱은 물에서와 육지에서 다르게 행동한다. 해안이나 해변에서 발견되는 것들은 자외선과 파도에 노출되어 꽤 빠른 속도로(온도가 높은 곳에선 더 빠르다) 더 작은 조각으로 부서지지만, 모래로 덮이거나 물속에 잠기면 분해가 멈춘다.

현장 연구는 여전히 부족하고 해양 조건은 극단적으로 다양하기 때문에 데이터들을 서로 비교하기는 어렵다. 일반적으로 폴리에틸렌은 비록 매우 느리긴 해도 열대의 따뜻한 물속에서 생분해가 가능하다. 그러나 프로필렌이나 PVC같이 통상적으로 사용되는 물건을 만드는 데 자주 사용되는 고분자들은 실질적으로 환경에서 생분해되지 않는다. 그리고 비록 땅 위에서는 특수한 조건하에 어찌어찌 분해되더라도, 바다에서는 훨씬 더 많은 시간이 필요하고 항상 분해되는 것도 아니다. 제대로 생분해되는 고분자를 생산하는 것은 가능하지만, 현재 사용하는 것보다 훨씬 비싸기 때문에 도입이 늦어지고 있다.

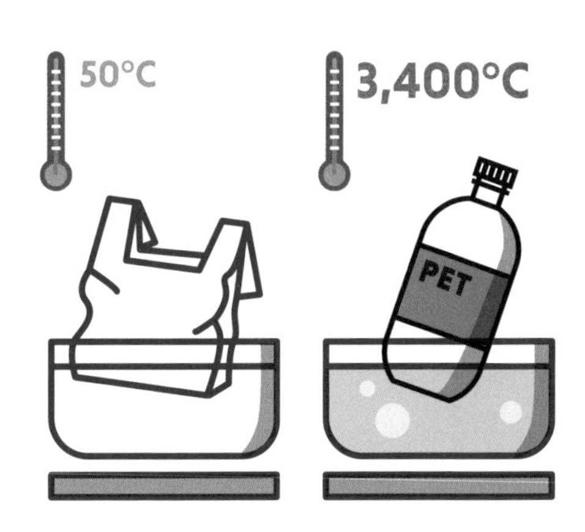

아주 느린 속도로 분해되고
끝에 가서도 완전히 없어지지 않는다.
그것이 생분해성 플라스틱이다.

피크닉을 조심하라!

옥스퍼드 대학교의 연구에 따르면 먹는 사람이 인지하는 음식의 맛은 사용된 식기의 유형, 색상과 화학적 조성에 따라 달라진다고 한다. 예를 들면 플라스틱 스푼으로 요거트를 떠먹으면 더 고밀도의 풍미를 느낄 수 있다. 그러나 이 실험을 반복해보고 싶다면 시간에 유의해야 한다. 예를 들면 프랑스 사람들은 몇 년 정도만 더 해볼 수 있다. 왜냐하면 2020년이 되면 이 '풍미 보너스'를 포기해야 하기 때문이다. 물론 플라스틱을 덜 버린다는 만족감으로 보상받겠지만 말이다.

프랑스에선 2020년부터 플라스틱 식기가 더 이상 없다.

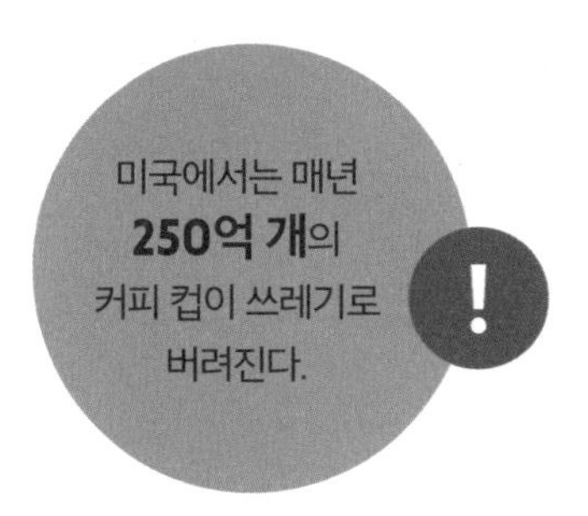

2016년 8월 30일 프랑스 의회에서 통과한 법령 1170에 의해 컵, 유리잔, 접시 및 수저와 같은 일회용 식기류는 프랑스 내에서 공식적으로 금지된다. 최소한 50% 이상 생물학적 기원의 원자재를 함유하고 국내에서 퇴비화할 수 있는 경우가 아니라면 판매하거나 심지어 생산하는 것도 금지된다.

이것이 정확히 무슨 뜻일까? 생물학적 기원과 국내 퇴비화의 원료에 대한 정의는 여러 사람의 얼굴을 찡그리게 했고, 그런 만큼 법률 제정자들은 미로처럼 복잡한 문구를 법령 내용에 삽입하도록 강요받았다. 생물학적 기원의 모든 물질은 화석이나 지질학적으로 형성된 것을 제외하면 생물학적으로 간주된다. 간단히 말해, 석유가 아닌 모든 것이다. 우리야 괜찮다. 석유가 없으면 플라스틱도 없다는, 적어도 전통적인 유형의 플라스틱은 없다는 점만 빼면. 그러나 생산자들은 이미 싸울 준비가 되어 있다.

2016년 7월부터 많은 유럽 국가와 마찬가지로 비닐봉지도 프랑스에서 금지되었다. 그러나 전통적인 플라스틱으로 생산된 것이 거의 모든 곳에서 금지된다면, 식기에 대한 금지는 연쇄반응을 염려하는 생산자들에게 영향을 줄 것이다. 유럽의 포장 생산자를 대표하는 팩투고Pack2Go 유럽 기구는 이미 이 법령에 맞서 EU 영토 내에서 상품의 자유로운 이동을 침해한 혐의로 EU에 법정 소송을 제기할 것이라고 발표했다.

법적 조치를 지지하는 주장은 다양하다. 팩투고는 퇴비화할 수 있는 식기가 100% 플라스틱으로 만들어진 것보다 환경에 덜 해롭다는 증거가 없다고 믿고 있다. 더해서 생물학적 기원의 원료로 만들었다 하더라도 법령에서 요구하는 것처럼 가정에서 퇴비화할 수 있는 플라스틱은 없다. 게다가 기구의 대변인에 따르면, 그 조항은 잘못된 메시지를 전파할 수 있다. 미래에는 유기 플라스틱 접시, 컵, 나이프 등이 생분해된다는 이유로 환경에 마구 버려질 수도 있기 때문이다.

생분해성

생각하고, 먹고, 꿈꾸고, 여행하고, 만들고, 부수고, 사랑하고. 우리 몸무게의 96.2%를 차지하는 4원소는 산소, 탄소, 수소, 질소이다. 이 화학원소들이 기여하는 바는 많지만, 때로는 이 4원소로 인해 끔찍한 일이 일어나기도 한다.

이들 중 탄소는 모든 살아 있는 유기체에 공통적으로 들어 있다. 거의 모든 분자에 포함되어 있는 탄소의 존재가 유기화합물을 특징짓는다. 이들 분자는 그 복잡성에 상관없이 생분해 과정을 겪으며, 더 작은 분자나 물, 이산화탄소 및 무기염 같은 무기화합물로 분해되는 과정을 거친다. 이것은 박테리아, 곰팡이, 원생생물 같은 미생물로 인해 일어난다. 환경을 위해선 대단히 중요한 과정이다. 천연자원의 재사용을 가능하게 해주기 때문이다.

생분해로 얻어진 분자는 실제로 재활용될 수 있다. 이것은 대자연이 폐기물을 관리하는 데 항상 써오던 시스템

이다. 그리고 그것이 어떻게 작동하는지 이해하기 전부터 인간이 오랫동안 지켜보던 방법이다. "너는, 흙에서 난 몸이니 흙으로 돌아가기까지 이마에 땀을 흘려야 낟알을 얻어먹으리라. 너는 먼지이니 먼지로 돌아가리라."(「창세기」 3:19)

생분해는 가정 쓰레기에서부터 석유에 이르기까지 거의 모든 것을 잘게 분해한다. 그러나 문제는 그것이 일어나는 시간이다. 불행히도 오늘날 우리가 쓰레기를 생산하는 속도는 자연적인 생분해 능력을 훨씬 상회하기 때문에 더 이상 지속 가능하지 않은 상황이 되었다.

생분해는 거의 모든 것을 잘게 부수는 자연적 과정이다. 그러나 우리는 이 과정에 충분한 시간을 주지 않는다. 너무 많은 쓰레기를 너무 빠르게 생산한다.

원자와 분자

원자는 물질을 이루는 기본 구성요소이며 화학 원소의 성질을 유지하는 가장 작은 단위이다. 원자는 양성자와 중성자로 구성된 핵과 양성자와 같은 수의 전자로 이루어진다. 가장 단순한 원자는 하나의 양성자와 하나의 전자로 구성된 수소 원자이다. 원자의 크기는 화학 원소에 따라 다르지만 대략 50~300pm(피코미터, 1m의 1조 분의 1)이다. 원자의 크기가 얼마나 작은지 예를 들어보면, 여러분이 보고 있는 종이의 두께를 이루기 위해선 원자 100만 개를 한 줄로 세워야 한다. 작은 크기에도 불구하고 핵분열과 핵융합 과정을 통해 엄청난 에너지를 원자핵에서 얻을 수 있다.

반면에 분자는 독자적으로 존재할 수 있는 원소나 화합물의 가장 작은 단위이다. 분자는 두 개의 수소 원자로 이루어지는 수소 분자와 같이 동일한 화학 원소의 원자로 구성될 수도 있고, 두 개의 수소 원자와 한 개의 산소 원자로 이루어지는 물 분자와 같이 서로 다른 종류의 원소로 이루어질 수도 있다. 분자 내의 원자는 화학결합을 통해 결합되어 있으며 화학결합은 본질적으로 그들 사이에 작용하는 전자기력이다. 화학결합에는 공유결합, 이온결합, 금속결합이라는 세 가지 유형이 있다.

100만 개의 원자가 늘어서야 종이 한 장의 두께를 이룬다.

원자로에서 병원까지

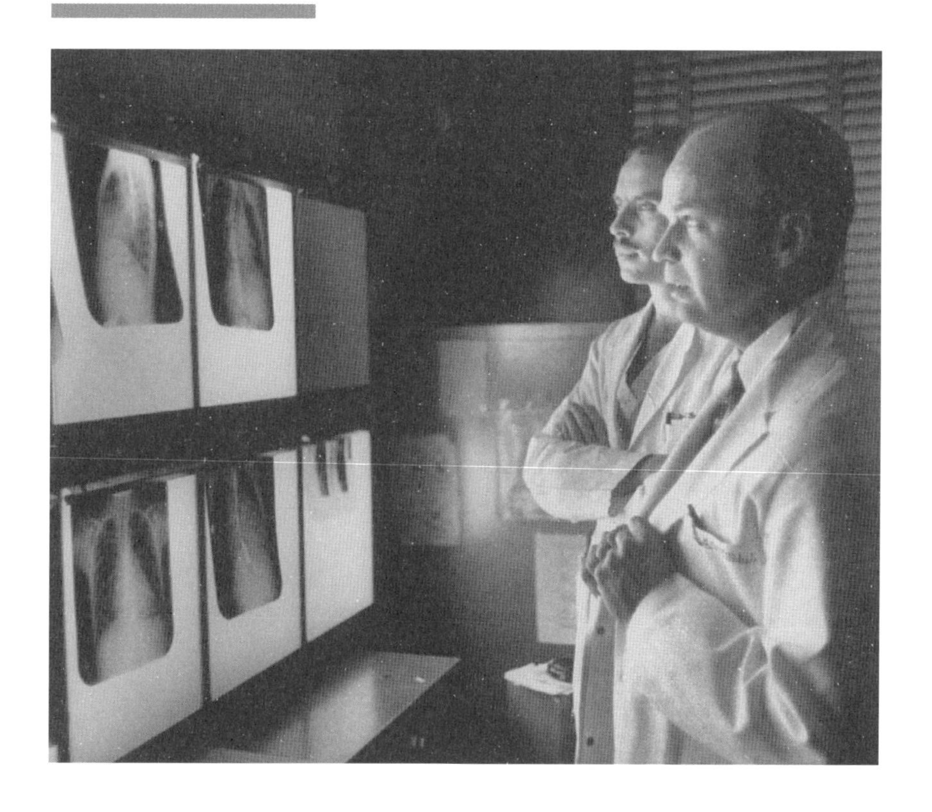

1960년대 말과 1970년대 초반에, EMI는 비틀스, 비치보이스 같은 밴드와 조 코커Joe Cocker, 프랭크 시나트라 같은 가수의 음악 레이블로 유명했다. 그러나 EMI의 팬 중에는 더 이상하고 영향력 있는 이들이 있었다. EMI가 그 시기에 의학 분야에서의 진단 이미지에 관해 유익한 연구를 열심히 수행하고 있었기 때문이다.

당시 런던에 있는 한 회사의 엔지니어였던 고드프리 하운스필드Godfrey Hounsfield와 남아프리카 공화국의 물리학자 앨런 코맥Allan Cormack은, 우리 모두가 CT라고 알고 있는, 오늘날 병원에서 필수적인 진단 도구로 쓰이는 컴퓨터 단층 촬영 장치의 프로토타입을 최초로 만들었다. 이 발명으로 하운스

필드와 코맥은 1979년 노벨 생리의학상을 수상했다.

CT는 물리학을 의학에 응용한 가장 잘 알려진 예이지만 그 밖에도 많이 있다. 예를 들어 핵의학은 인체의 기능에 대한 자세한 정보를 얻고 종양과 같은 질병을 치료하기 위해 원자와 핵에서 생성된 방사선을 사용한다. 이러한 목적을 위해 방사성 동위원소가 종종 사용되는데, 방사성 동위원소는 전자기파나 입자 형태로 에너지를 방출하는 특정한 불안정 원자들이다. 매년 1만 개 이상의 병원에서 4,000만 번의 방사선 요법이 실행되는 것으로 추정되고 있으며 점차 증가하는 추세이다.

이 요법은 자주 생명을 구하지만, 관련 폐기물은 주의 깊게 관리되어야 한다. 주사기, 주삿바늘, 흡수재, 장갑 등의 물질에는 실제로 방사능이 남아 있으므로 큰 주의를 기울여 취급해야 한다. 그러나 의학계에서 나오는 것은 인류가 다양한 핵기술과 비핵기술로 생성해내는 방사성 폐기물의 일부에 지나지 않는다.

의학에 적용된 물리학은 수십 년 동안 매우 중요한 결과를 가져왔다.

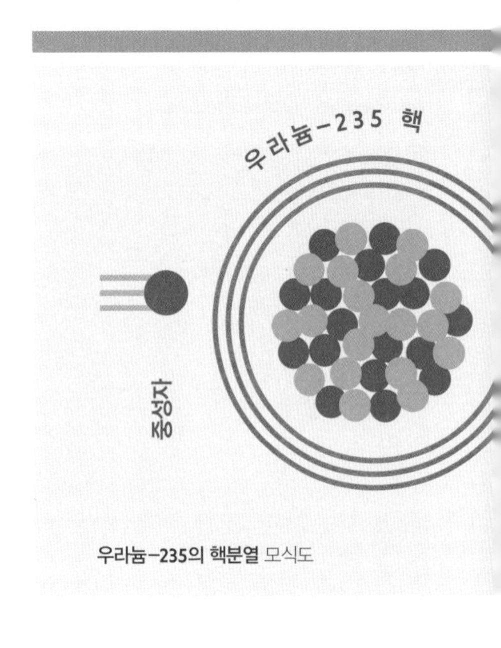

우라늄-235의 핵분열 모식도

예를 들어 핵분열 발전소에서 전기를 생산하면서 생긴 폐기물은 확실히 더 복잡하다. 핵분열 과정에서 우라늄 같은 무거운 핵은 많은 양의 에너지를 방출하면서 더 가벼운 원소로 쪼개진다. 핵분열 생성물은 방사능의 핵이다. 이는 수십만 년 후에도 남아 있을 것이기 때문에 심각한 환경 문제와 미래 세대가 짊어질 과중한 유산을 상징한다. 개발도상국에서의 에너지 수요 증가와 이산화탄소가 배출되지 않는 전력원의 필요성에 따라 아마도 수십 년 동안 핵분열의 사용은 불가피할 것이다. 적어도 태양에너지가 발생하는 과정으로서, 무진장

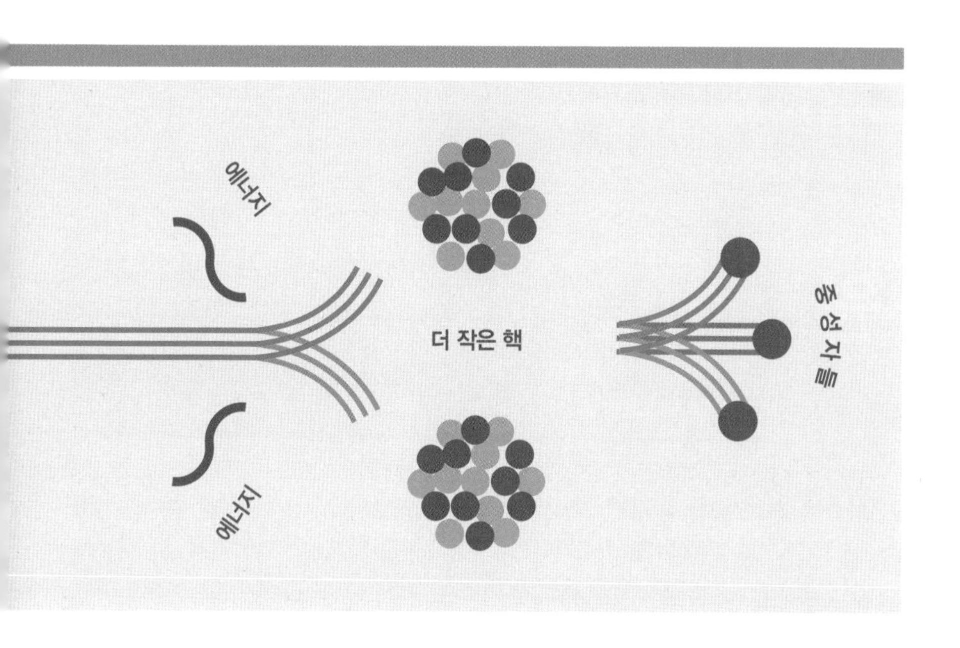

하고 무엇보다 청정한 에너지를 보장해주는 핵융합 과정이 지구에서 정착되기까지는. 따라서 핵분열 발전소에서 나온 찌꺼기 처리와 보관은 오늘날 큰 논란이 되고 있으며 핵발전소 건설과 운영은 훨씬 더 복잡한 문제를 보여준다.

핵연료에서 나온 찌꺼기는 특수한 수조에 수년 동안 담가 식힌 다음, 유리나 세라믹 블록으로 유리화琉璃化시키거나 불활성 기체와 함께 강철 용기에 밀봉한다. 장기적으로 이들 용기는 지하 지질 저장소에 저장되어야 한다. 많은 나라가 이 프로젝트를 연구하고 있다. 예를 들면 핀란드는 올킬루오토섬의 온칼로에 영구적인 핵폐기물 저장 시설을 건설 중인데, 이 시설은 10만 년간 지속되도록 설계되었다.

방사능

원자의 핵은 양성자와 중성자로 구성되어 있으며 강한 핵 상호작용으로 인해 함께 붙어 있을 수 있다. 그러나 어떤 상황에서는 이 힘이 충분하지 않고 핵이 조각나면서 부서진다. 이 과정을 방사능 붕괴라고 하는데, 그 결과 핵은 입자나 전자기 복사선을 방출할 수 있다.

방사능 붕괴에서 중요한 값은 반감기이다. 반감기는 통계적으로 원래 방사성 물질이 절반으로 감소하는 데 걸리는 시간으로 정의된다. 반감기는 방사성 원소에 따라 엄청나게 달라진다. 몇 가지 예를 들면 양전자 방출 단층촬영PET에 쓰이는 동위원소인 산소-15의 반감기 122초에서부터, 탄소-14의 5,730년, 세슘-135의 230만 년까지 있다.

방사능은 자연적인 과정이기도 하고, 일반적으로 안정된 핵에 중성자를 충돌시킴으로써 인공적으로 일으킬 수 있는 과정이기도 하다. 자연 방사능의 가장 잘 알려진 예는 탄소-14인데, 고고학에서 연대를 측정하는 데 쓰인다. 방사능은 건강에 심각한 영향을 미칠 수 있다. 이온화 방사선은 세포에 손상을 일으켜 여러 가지 심각한 병리 현상을 야기할 수 있다.

방사성 물질이 붕괴하는 데 얼마나 많은 시간이 걸릴까?

미세먼지로부터 탈출

미디어는 이것을 교통 차단 또는 단순히 차량 스톱이라고 부르며, 1년에 몇 번씩 발표한다. 그 이유는 도시를 옥죄고 있는 스모그 때문이다. 더 구체적으로 보면 책임은 PM10이라는 이상한 기호 탓이다. 그렇다면 정확히 무엇에 관한 것인가? PM은 '미립자' 또는 '미립자 물질(영어로는 particulate matter)'을 뜻하

고, 공기 중 고체 입자와 액체 방울의 혼합물에 해당하며, 미세먼지로 더 잘 알려져 있다.

숫자 10은 입자의 지름을 나타낸다. 1m의 100만 분의 10(즉 10만 분의 1m)을 뜻한다. 이 측정단위는 미크론μ 또는 머리카락 굵기의 5분의 1 또는 모래알 크기의 10분의 1에 해당한다. 미립자 물질은 먼지, 연기 입자, 그을음, 안개 및 여러 화학물질로 구성된다. PM10은 인간의 활동 때문에 생긴 것만이 아니다. 토양 침식, 산불, 꽃가루 등에서 자연적으로 유래하기도 한다.

미립자의 크기는 인간의 머리카락에 비교된다.

미립자
PM2.5 < 2.5μ

머리카락 50μ

미립자
PM10 < 10μ

이탈리아에서는
연중 35일
PM10의 최대
한계를 넘는다.

우리가 호흡하는 공기의 특정 농도는 장소에 따라 달라지므로 정상적이고 불가피한 것으로 간주된다. 불행하게도 인간이 종종 저지르는 일이 이런 경우처럼 균형을 변화시킨다. 엔진이나 난방 시스템의 연료, 산업 플랜트, 시멘트 가루와 자동차의 운행(타이어, 아스팔트 및 브레이크가 닳는 것을 포함) 등으로 인해 최근 수십 년 동안 대기 중 미립자 농도가 크게 증가했다.

그러므로 대부분의 미세먼지는 인간의 활동에 의해 생긴 폐기물이며 이것은 건강에 심각한 영향을 미친다. PM10은 물론 그보다 더 작은 입자(직경 2.5μ의 PM2.5)는 너무 작아서 호흡할 때 폐에 침투할 수 있으며, 경우에 따라 혈액에까지 도달할 수 있다. 미세입자는 최근 암 연구를 위한 국제기관에 의해 1급 발암물질에 포함되었다. 이는 심각한 암과 심폐질환을 일으킬 수 있는 가장 나쁘고 위험한 물질이다. 2011년 권위 있는 과학 저널 『랜셋The Lancet』에 발표된 한 연구에 따르면 차량 교통에 노출되는 것은 심장마비의 예방 가능한 위험인자 중 하나에 노출되는 것과 마찬가지이다.

미세먼지 문제는 중국의 거대도시(중국만의 문제는 아니지만)에서 심각하게 부각되는데, 종종 스모그가 담요처럼 두껍게 하늘을 뒤덮어 회색으로 물들이고 공기는 숨을 쉬기 힘들 정도이다. 그러나 미세먼지는 이탈리아 도시들에서도 심각한 우려의 원천이고, 이에 대한 감시는 통상적인 관행이 되었다. 미세먼지 수준이 일정 한계를 초과하면(특히 겨울철 차량에 더해 난방에서 나오는 것이 더해지면) 차량 2부제나 아예 차량 운행을 차단하는 등의 대책이 취해진다.

이들 대책은 종종 일시적인 완화책에 지나지 않는다. 사실 장기적인 해결책에는 글로벌한 배출 통제 전략이 필요하다. 산업적인 수준에서는 미립자 여과 및 포집을 위한 현대적 기술을 도입해야 하고, 에너지 생산 부문에서는 석탄과 같은 '더러운' 원료의 사용을 가능한 한 줄여야 하며, 교통 부문에서는 전기적 구동을 강력하게 밀어붙여야 한다. 전기자동차를 진정으로 친환경적인 것이 되게 하려면 재생 가능 에너지나 핵 발전 같은 전기 생산원이 필요하며, 이 과정이 다시 미세먼지와 이산화탄소의 원천이 되지 않아야 한다.

스마트폰에 있는 PM10

공기의 질은 스마트폰으로도 확인할 수 있다. 국지적 환경보호기관의 것을 포함해 많은 웹사이트 이외에도 세계 도시들의 대기 질과 미세먼지 수준을 실시간으로 제공해주는 수많은 앱이 애플스토어와 안드로이드 스토어에 있다. 매우 오염된 도시를 방문할 때뿐만 아니라 우리가 살고 있는 장소에서도 염두에 두어야 할 데이터이다. 특히 겨울철에는 미세먼지 수준이 전형적으로 높으므로, 격렬한 호흡을 요구하는 신체적 노력이 필요한 야외활동은 자제하는 것이 좋다.

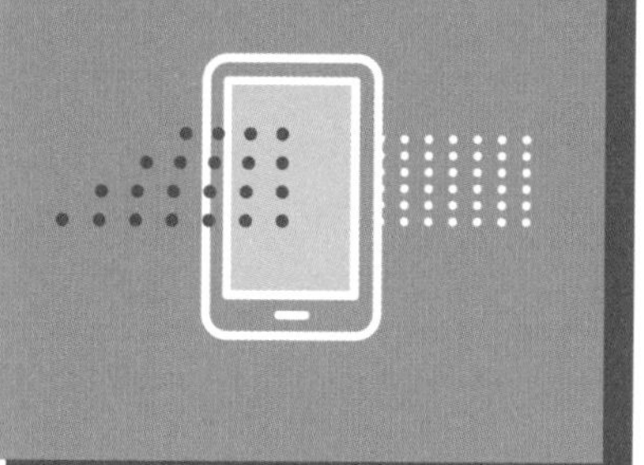

PCB

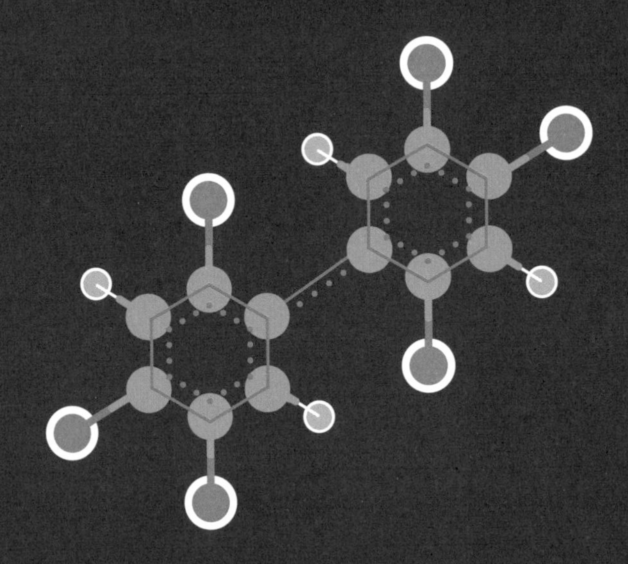

PCB로도 알려진 폴리염화 바이페닐Polychlorinated biphenyl은 1881년에 석유와 타르에서 처음 합성된 화합물질군群이다. 높은 화학적 안정성으로 인해 실질적으로 불에 타지 않고, 절연성과 단열성이 좋기 때문에 약 반세기 동안 탄력제, 가소제 및 내화 첨가제로서 전기변압기와 콘덴서, 살충제, 페인트의 생산에 널리 사용되었다. 유럽위원회에 따르면 발명된 이후 1980년대에 많은 국가에서 생산이 금지될 때까지 100만 톤 넘게 생산되어 사용되었다.

시간이 지남에 따라 PCB는 매우 영구적인 것으로 판명되었으며 오늘날에도 오래된 전기 기구, 플라스틱, 건물 내부에서뿐만 아니라 환경에서 많은 양이 발견된다. 유기체에 축적되고 수생 시스템에 침투할 수 있는 능력 때문에 PCB는 심각한 환경오염 물질로 간주되며, 시간이 지나면서 동물의 면역 체계와 간, 신경계와 생식기관에 미치는 광범위한 독성 효과가 드러났다.

세계에는 고도의 오염원인
PCB가 100만 톤 넘게 있다.

쓰레기 (나이아가라) 폭포

사업가 윌리엄 러브William T. Love가 건설한 러브 운하는 이름과 같이 꿈의 시나리오를 예고하는 것처럼 보였지만, 결국 끔찍한 악몽으로 밝혀졌다. 나이아가라 폭포로 유명한 나이아가라폴시市 근교의 새로운 주거지역을 장식하기 위해 1890년에 건설된 이 인공 수로는 폭포의 흐름이 줄어들지 않도록 하기 위해 미국 정부가 물길을 돌리는 행위를 금지하면서 폐쇄되었다.

1920년경에는 도시 및 산업폐기물 매립지로 사용되었다. 그리고 1940년대에는 후커 일렉트로케미컬사Hooker Electrochemical Company가 산업폐기물을 쌓아두는 용도로서 사용 허가를 받아, 10년 조금 넘는 기간 동안 염료, 향수, 고무 및 합성수지 용제 제조에서 나온 화학물질을 2만 1,000톤 넘게 적치했다. 이후 수로가 가득 차자 1953년에 운하를 메우고 그다음 해 그 지역이 구획화되어 이전 매립지 위에 주택과 학교를 포함하는 완전한 주거지구를 건설했다.

그러나 곧 끔찍한 진실이 표면에 나타났다(는 것은 말해야 한다). 악취 나는 유색 액체가 지하실에서 나왔고, 지면이 무너져 내려 기름이 떠다니는 부패한 호수가 생겼으며, 정원에서는 식물들이 죽어갔다. 심지어 주민들도 병을 앓기 시작했다. 1970년대 말경 오염 정도가 심해, 그 지역에서는 생존이 불가능하다는 것이 명백해졌다. 결국 1978년 소개疏開되기 시작해 2004년 마침내 러브 운하 위에 지어진 복합단지가 폐쇄되었다.

러브 운하는
나이아가라 폭포에서
엎어지면 코 닿을 곳에 있는
산업폐기물 저장소이다.

수은 온도계

과거에는 대부분의 온도계에 수은이 사용되었지만, 이탈리아 시장에서는 2009년부터 수은 온도계가 차츰 사라지기 시작했다. 눈금이 표시된 관에 수은이 담긴 유리 온도계는 영점을 맞추기 위해 살살 두드리며 사용해야 했다.

한때 체온계에는 액체 상태의 금속이라는 조그만 마술이 있었다.

그러나 깨질 경우에는 이상하고 무거운 은색 액체가 흘러나오는데, 그것은 곧바로 구슬 모양으로 뭉쳐진다. 수은은 상온에서 액체 상태인 유일한 금속이다. 그렇다면 그것은 어디에 쓰일까? 온도계는 물질의 열팽창 때문에 작동한다. 온도가 상승하면 물질의 부피가 변하고, 그 변화를 측정함으로써, 예를 들면 온도계의 유리관 안에서의 변화를 측정함으로써, 온도를 읽을 수 있다. 실제로 온도 측정은 길이나 부피를 측정하는 더 쉬운 문제로 옮겨간다. 수은은 열팽창계수가 높으며, 넓은 온도 범위에서 액체로 남아 있고, 잘 보이기 때문에 정확하게 측정할 수 있다.

열팽창은 물리학자들에게 잘 알려진 현상이며 중요한 실용적인 결과를 갖는다. 예를 들어 철도 선로와 교량을 건설할 때도 열팽창을 고려해야 한다. 철로를 잘 살펴보면 확장되는 이음새 부분을 쉽게 알아볼 수 있다. 이는 교량의 끝에서도 나타난다(차가 다리의 시작과 끝부분을 지날 때 종종 덜컹거리는 것으로 이를 알아차릴 수 있다).

그러나 그렇게 잘 작동한다면 수은 온도계는 왜 시장에서 사라졌을까? 그 이유는 바로 수은에 있다. 수은은 세계보건기구WHO가 인간에게 가장 해로운 화학물질 상위 10위에 포함시킬 정도로 유독하고 매우 위험한 물질이기 때문이다.

사실 이 금속은 온도계가 깨졌을 때 나오는 증기를 직접 흡입하거나 메틸수은 형태로 먹이사슬에 들어가는 경우 모두 유독하다. 이로써 신경계, 소화계, 면역계와 각종 기관에 손상을 줄 수 있다.

수은 온도계 대신 오늘날에는 알코올 온도계가 사용된다. 디지털 온도계는 전기저항을 측정함으로써 온도를 결정하기 때문에 액체 시약이 더 이상 필요하지 않다.

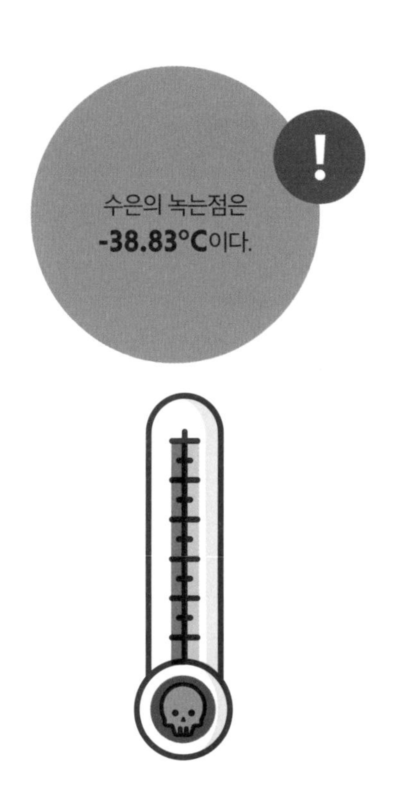

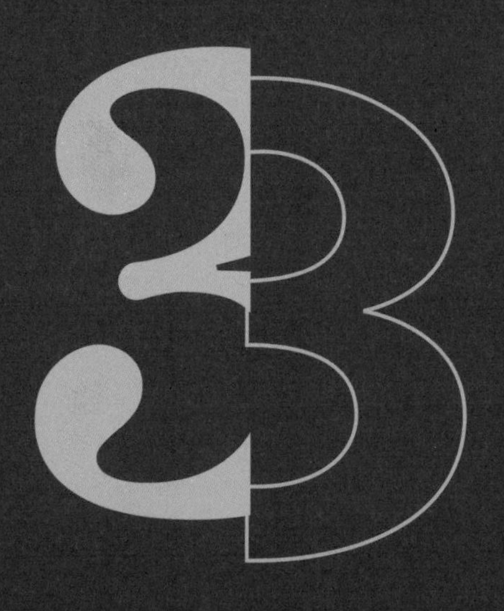

가치 있는 것은 곁에 있다

휴대전화에서 금을? 깡통에서 돈을?
똥에서 에너지를? 타이어로 축구장을?
쓰레기를 제대로 수거하고, 오염 없이 쓰레기를
처리하기 위해서는 대가를 지불해야 한다.
그러나 약간의 상상력만 발휘하면 쓰레기를 진짜
광산으로 바꿀 수 있다. 돈에서 원 재료로, 건강
과 삶의 질 향상은 물론 환경 존중까지, 쓰레기로
가치를 창출하는 수많은 방법에는 놀라움이 가득
하다. 우리가 쓰레기를 제대로 분리배출한다면,
이 시장은 미래 경제의 주역 중 하나로 계속 성장할
것이다.

순환경제

미국에서 아침 시리얼 소비가 크게 줄고 있다는 뉴스가 주목을 받았다. 시장 분석 전문 업체 IBIS월드의 조사에 따르면 2016년 미국 내 시리얼 판매량은 106억 달러인데, 이는 2009년 127억 달러에 비해 17% 감소한 것이다. 이 추세는 관련 수치와 사회학적 함의 모두에서 무시할 수 없는 것이다. 인기 면에서, 미국에서 시리얼과 우유는 몇 년 전 이탈리아의 빵과 버터와 잼과 유사한 조합의 일부였다. 그러므로 이 조사 결과는 미국 가정 내 습관의 변화를 암시한다.

미국 가정 내 아침 식사에 무슨 일이 벌어지고 있는 걸까? IBIS 월드의 연구는 건강한 식사에 대한 더 큰 관심, 달라진 라이프스타일과 업무 스타일, 아침 식사 시간의 단축을 포함해 이런 추세의 바탕이 될 수 있는 요소들을 분석했다.

다른 시장 조사에서 발견된 소위 밀

2016년에
이탈리아는
플라스틱을
재활용함으로써
9,700GWh의
에너지를 절약했다.

레니엄 세대에 해당하는 18~34세 클라이언트 그룹의 동기는 흥미로웠다. 몇 년 전까지만 해도 그들은 시리얼을 가장 많이 소비하는 층이었다. 그러나 오늘날 39%는 우유와 시리얼을 먹는 것이 별로 편하지 않다고 말한다. 왜냐하면 먹고 나서 그릇을 씻어야 하기 때문이다! 이 대답은 흥미로울 뿐만 아니라 심각한 문제를 부각시킨다. 그것은 우리의 경제와 삶의 방식이 점점 더 일회용 제품을 기반으로 한다는 의미이기 때문이다.

사서, 쓰고, 버린다. 이것은 소위 말하는 선형경제linear economy로, 우리가 사용하는 상품은 제한된 수명주기를 따라야 한다는 가정을 기반으로 한다. 이 주기는 경제적 과정에서 원자재 획득으로 시작되어, 소비자가 사용하는 (중간 및 최종) 제품으로 변환되었다가, 쓰레기와 제품 자체(시간이 지나면 쓰레기로 바뀌는)의 처리와 제거로 마무리된다.

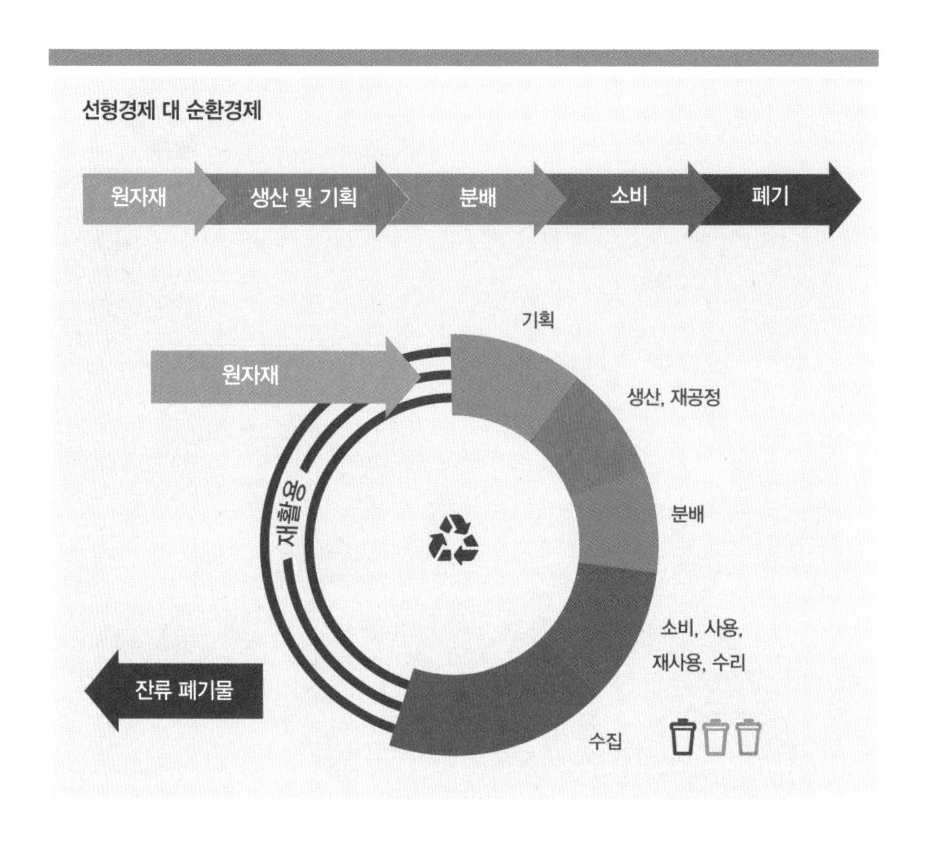

1930년대 미국에서 시작된 이 경제 모델의 키워드는 'take, make, dispose', 즉 '취하고, 소비하고, 버려라'이다.

오늘날 새로운 도전은 경제를 곡선화하여 순환시키는 것이다.

초기 가정假定은 자원이란 사실 무제한으로 있고, 항상 가용하며, 찾기 쉽고, 수명이 다하거나 더 이상 필요하지 않을 때 없애기도 쉽다는 것이다. 이 철학에 따르면 모든 상품과 생산물에는 시작과 끝이 있으며, 끝이 일찍 올수록 더 좋다. 왜냐하면 상품을 다시 살 수(사실은 사야 한다) 있기 때문이다.

그러나 오늘날에는 선형경제 모델이 위기에 처해 있다. 그 이유는 다양하고 누구에게나 자명하다. 재생할 수 없는 천연자원의 수탈, 오염, 기후변화, 생물 다양성의 상실, 토질의 불모화, 폐기물 생산량의 기하급수적인 증가와 그것을 적치해둘 공간의 감소 등 때문이다.

가장 거시적인 예를 하나 들어보자. 모든 경제 모델의 전체 생산 시스템 기능을 수정하는 것은 불가능해 보인다. 그러면 어떻게 하라는 것인가? 이러한 도전에 대한 가능한 답은…… 구부리는 것이다. 다시 말해 순환경제로 옮겨가는 것이다. 이것은 지구와 거기에 살고 있는 것을 고갈시키지 않고 회복 가능하고 재생 가능하게 디자인된 경제 모델이다. 이 모델의 주요 목적은 생산물과 재료를 가능한 한 오랫동안 최대 사용 가능한 상태로 유지하고, 변환에 따른 부가가치를 보존하며, 쓰레기 발생을 줄이는 것이다. 이것은 보존하고 낭비하지 않으며 지속적이고 긍정적인 순환이다. 재생은 두 가지 흐름을 통해 발생한다. 생물학적 물질은 생물권으로 재통합할 수 있게 하고, 기술적인 물질들은 재사용되어 가치를 잃거나 쓰레기 형태로 생물권에 들어가는 일이 없도록 한다.

순환경제에서 생산과 사용을 잇는 줄은 처음부터 재설계된다. 상품은 판매되어, 사용되고, 버려지기 위해서뿐만 아니라 재사용되거나, 재활용되거나, 재생되도록 설계되어야 한다. 제품 설계에서부터 새로운 사업과 시장 모델까지, 폐기물을 자원으로 전환시키는 새로운 방법에서부터 새로운 소비자 행동에 이르기까지, 순환경제는 시스템의 일반적인 변화와 모든 수준의 행정이 관여된 기술혁신, 조직, 사회적 모델과 금융정책의 변화에 대한 확신을 포함한다.

간단히 말하면, 순환경제는 농부였던 우리 조상의 가치로 되돌아가는 것이다. 조상들은 더 적게 사고, 더 적게 낭비하고, 거의 버리지 않았다. 대신에 그들은 순응하고, 대체하고, 음식물 쓰레기는 동물들의 사료나 비료로 활용하고, 여전히 사용할 수 있는 부서진 물건은 고쳐 썼다. 이것 때문에 그들이 덜 행복했다고 할 수는 없다. 오히려 그 반대이다.

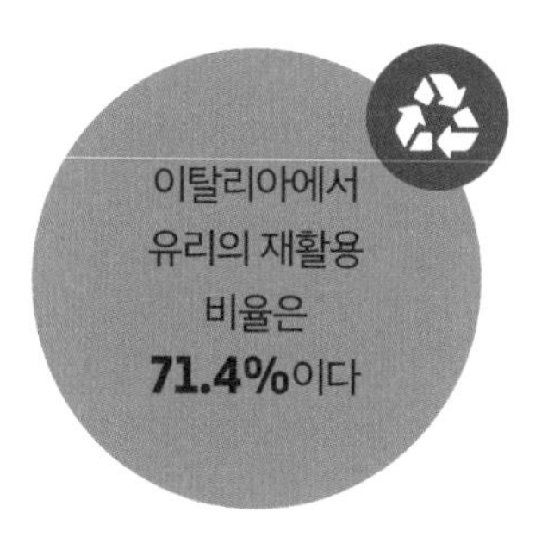

이탈리아:
모든 끝은 새로운 시작

19

88년 이래 매년 이탈리아 전역을 달리는 특별한 기차가 있다. 레감비엔테 Legambiente(이탈리아의 비영리 환경단체—옮긴이)와 이탈리아 국영철도가 주관하는 녹색 기차로, 주요 역마다 들러 아래로부터, 대중으로부터, 공유로부터 시작된 전시와 이벤트 및 다른 많은 운동을 통해 환경의 지속 가능성과 국토의 거주 적합성을 증진하기 위한 것이다. 2017년 판 녹색 기차는 순환경제가 중심 주제였다. 순환경제를 실천하는 기업들에 대한 조사를 수행해 그것을 향상시키기 위한 목적이었다. 이러한 방향으로 향하는 이탈리아의 운동 단체는 그 수가 적지 않다. 녹색 기차 웹사이트(www.trenoverde.it)에서 볼 수 있는 쌍방향 지도에서는 107곳을 찾을 수 있다. 그것들은 타이어에서부터 기저귀, 식품 생산 폐기물의 재사용에서부터 2차 원료로의 전환에 이르기까지 다양하다.

이탈리아에는 100개 이상의 순환경제 운동단체가 있다.

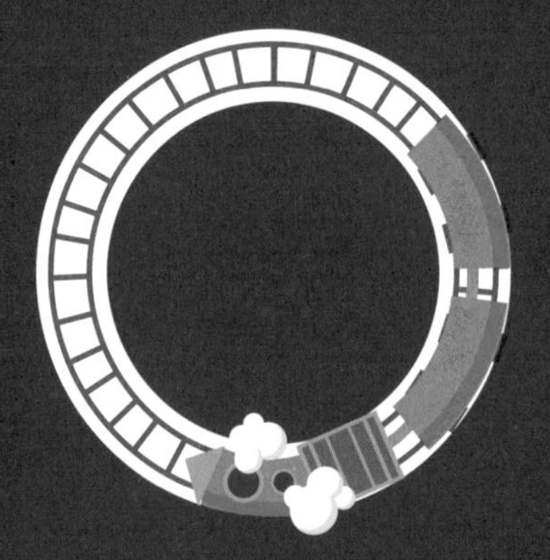

녹색 기차의 자료에 따르면 순환경제를 촉진하는 계획 중 65%는 처음 사용되는 천연자원의 사용을 줄이기 위한 것이고, 53%는 폐기물 생산을 제한하는 것이며, 4%는 사업 중 자원(물, 에너지 및 원재료)을 절약하기 위한 것이다. '순환' 회사의 바스켓을 살펴보면 43%가 2차 원료를 생산하고, 34%는 이를 생산과정에서 사용하며, 36%는 생산물을 재사용·재활용해 쓰레기가 되는 것을 방지한다. 그렇다면 우리는 순환경제의 어떤 부문에 작으나마 기여하고 있거나 기여할 수 있을까?

이탈리아의 분리수거

2016년 각 지역의 분리수거 비율

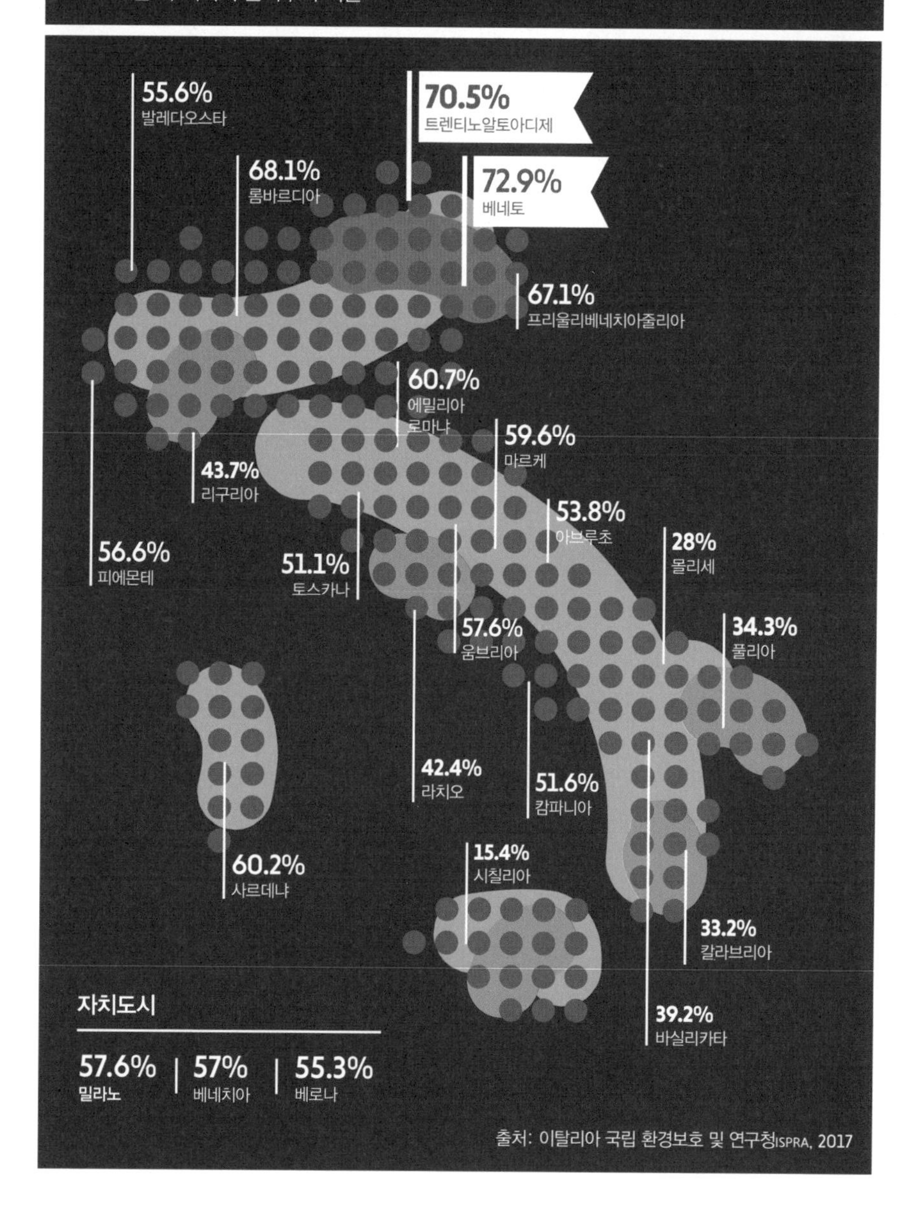

출처: 이탈리아 국립 환경보호 및 연구청ISPRA, 2017

원료 및 2차 원료

원

재료는 천연자원 개발을 통해 얻은 것으로, 가공이나 산업 공정을 통해 다른 상품을 생산하는 데 없어선 안 될 재료로 정의된다. 그것들이 어디에서 왔느냐에 따라 농업, 광업, 식품 또는 산업 원료일 수 있으며, 보다 일반적으로는 재생 가능(식물성 및 동물성 제품 포함)한 것과 재생 불가능(화석연료와 광물 포함)한 것으로 구분된다.

반면에 2차 원료는 폐기물의 재생과 재활용을 통해 나온 것이나 원재료를 처리하고 남은 잔여물에서 나온 물질로 정의된다. 플라스틱, 유리 또는 알루미늄은 2차 원료의 전형적인 예로, 적절히 재활용하면 재사용이 가능하고 새로운 제품으로 변형될 수 있다.

**2차 원료는…
얼마나 가치가
있을까?**

새 PET 플라스틱은
톤당 800유로이다.

VS

재활용된 PET 플라스틱은
톤당 298~369유로이다.

출처: 코어플라Corepla 컨소시엄, 2015

타이어와 축구장

인조 잔디 축구장은 얼마나 많이 발전했을까? 방음 패널은? 보도의 연석은? 그것들이 오래된 타이어의 재활용 고무로 만들어진 것이라면, 아마도 대부분 순환경제 섹터에서 2011년에 에코프네우스Ecopneus라는 비영리 회사가 설립된 이래 만들어졌을 것이다. 이 회사는 이탈리아에서 운영되는 주요 타이어 제조업체들로 구성되어 있으며, 수명이 다한 타이어의 추적, 수집, 처리 및 복구를 목적으로 하고 있다.

바퀴나 자동차 전체를 교체할 때 타이어에 대해 생각하는 일이 거의 없겠지만, 오래된 타이어는 취급하기가 매우 어려운 폐기물이다. 연소된 고무는 유독성 가스를 배출하고 매립으로는 처리할 수 없다. 생분해성이 좋지 않고 불이 쉽게 붙는다. 야외에 방치하면 공기주머니가 물웅덩이를 형성해 곤충들의 훌륭한 서식처가 된다.

우리가 이야기하는 것은 작은 숫자가 아니다. 2011년 9월부터 현재까지, 에코프네우스는 100만 톤 넘는 타이어를 수거해서 복원했으며, 당국에 신고 의무가 있는 회사에서 수집한 자료를 기반으로 볼 때 매일 평균 1,000톤 이상 처리하고 있다. 이 모든 타이어를 한 줄로 세운다면 약 40km는 될 것이다.

타이어로 축구장을 만들 수 있다. 그러나 여전히 너무 많은 타이어가 회수되지 않으며 유해한 방법으로 처리된다.

오래된 타이어는 회수해서 일반적으로 림이라고 부르는 강철 고리와 분리한 뒤 분쇄해서 구슬 모양으로 만든다. 결과물에는 고무 외에도 섬유와 금속 조각이 포함되어 있으며 이것들은 물리적 또는 기계적 처리를 거쳐 분리된다. 최종적으로 이 조각들은 녹이거나 다양한 방법으로 재사용된다. 예를 들면 어른과 아이들을 위한 놀이터나 방음 패널, 방수 아스팔트, 도시 미화 용품 또는 도로 안전물에 쓰인다.

고무는 다른 재료와 혼합되어 충격을 흡수하고, 방수하고, 소음을 줄이고, 노면과 같은 인프라의 평균 수명을 늘린다. 잠재 시장은 엄청나고 환경적, 경제적 이익은 상당하다. 그럼에도 불구하고, 오늘날에도 수명이 다한 타이어의 60% 이상을 시멘트 회사가 에너지를 생산하기 위해 연소하고 있다. 아직도 갈 길이 멀다.

오렌지 섬유

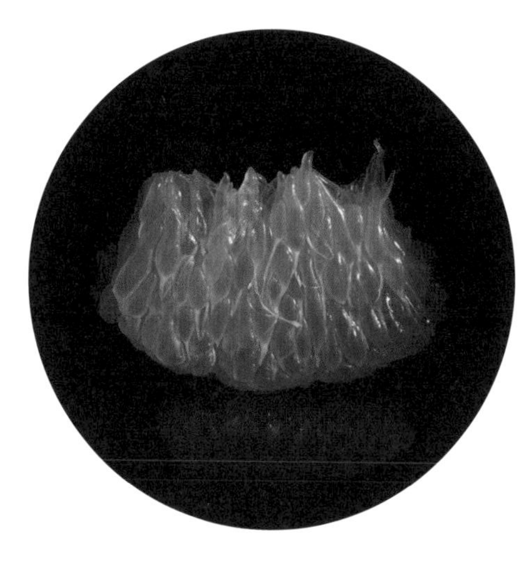

순환경제가 하이패션과 만나 쓰레기가 값비싼 자원으로 바뀌면, 생산에서 소비에 이르는 순환이 연결되면서 오렌지와 같은 매우 둥근 모양이 된다. 공功은 카타니아에 있는 신생기업 오렌지 파이버Orange Fiber에 돌아간다. 수상 경력도 있는 이 회사는 연구원인 아드리아나 산토노치토Adriana Santonocito와 엔리카 아레나Enrica Arena의 직관으로 탄생했다. 그들은 오렌지 즙을 짜고 남은 젖은 잔여물에서 직물섬유를 추출하는 과정을 개발해 특허를 받았다.

이탈리아에서도 특히 콘카도로섬에서는(여기에 이 회사가 있는 것은 우연이 아니다) 감귤류를 산업적으로 처리하고 남은 폐기물이 100만 톤 넘게 나온다. 펄프는 처리된 과일 무게의 약 50%를 차지하며 특히 부피가 커서 폐기물을 처리하기가 어렵다. 따라서 여러 차례 농업용 비료나 동물 사료 또는 인간의 음식을 위한 식품첨가물로 재사용할 방법을 모색했으나 결과는 신통치 않았다.

부분적으로는 바이오가스 생산에 재사용되었으나, 산토노치토의 연구 덕분에 오늘날에는 펄프가 칼타지로네에 있는 회사에서 셀룰로오스로 변환된 다음 원사로, 이어서 직물로 변환된다. 그것은 촉감이 좋고 실크와 비슷한 소재를 생산한다. 이 소재는 이미 디자이너들의 관심을 끌었으며, 페라가모는 2017년에 그의 창작품의 독점적 컬렉션에 이것을 사용했다.

탐색은 계속되고 있다. 미래에는 오렌지에서 얻은 섬유가 비타민의 속성으로 인해 피부에 유익한 특성이 있다고 밝혀질지도 모른다.

테이블을 만들기 위해 필요한 것

전 세계적으로 인간의 수만큼 많은 화물 운반용 팔레트가 있다. 일부 추정에 따르면 EU과 미국에서만 50억 개가 유통되고 있다. 대부분은 사람들에게 잘 보이지 않지만 사실은 적재용 팔레트가 세계를 움직이고 있다. 버지니아 공대 패키징 시스템 연구센터인 브룩스 센터 입구에 있는 조각상 밑에 쓰인 예리한 경구 "팔레트가 세상을 움직인다Pallets move the world"에 따르면 말이다.

팔레트는 대부분 나무로 만들어졌으며, 수천 번 사용하기에 적합하고, 사용 후에는 새로운 용도로 쓸 수 있는 귀중한 재료이다. 그러므로 이들을 재사용하는 부문이 증가하는 것은 놀랄

일이 아니다. 인터넷 검색만으로도 이를 충분히 알 수 있다. 아마 주말에 뭘 만들지에 대한 아이디어도 얻을 수 있을 것이다. 팔레트 재사용 프로젝트 중 가장 인기 있는 것은 가구를 만드는 것이다. 하나만 예를 들면 1001pallets.com이라는 웹사이트는 무수히 많은 다른 가능성을 제안한다. 에넬 그린 파워Enel Green Power 역시 목재의 재사용에 초점을 두었다. 그에 더해 순환경제의 원리를 적용하고 공유가치를 창조하는 데도 초점을 맞추고 있다.

재생 가능한 원료에서 에너지를 생산하는 데 전념하는 이 그룹이 수행한 프로젝트 중 하나는 사실 태양광 발전소 건설을 위한 태양전지 패널과 케이블 운반에 쓰이는 팔레트의 재사용을 목표로 한다. 따라서 브라질, 남아프리카 공화국, 멕시코의 태양광 발전소에서 나온 팔레트, 코일 그리고 기타 폐기물이 일상적인 대상이 된다. 지역 공동체는 목공 활동을 위한 훈련을 받으며 팔레트를 이용해 쓰레기통, 벤치, 의자, 가구, 심지어 장난감을 만들어 학교, 협회 그리고 기타 사회시설에 판매한다.

포도로 만든 가죽

당신도 알지 못한 채, 포도 껍질과 씨 그리고 줄기를 이용한 가죽으로 만든 벨트나 지갑을 사용했을 수 있다. 잔피에로 테시토레Gianpiero Tessitore와 베게아 유한회사Vegea srl(로베레토 소재)가 기획하고 생산한 완전히 새로운 식물 가죽은 외관과 촉감이 동물 가죽과 완벽하게 비슷하기 때문에 구분하기가 쉽지 않다.

그러나 이것은 지구와 어떤 동물에게는 차이를 만들 수 있다. 와인 가죽이라는 새로운 이름이 붙은 이 새로운 물질은 이름에서 알 수 있듯이 포도 가공 후 나온 폐기물로 만든 것이다. 이 때문에 잔인함으로부터 완전히 자유롭다. 즉 그것을 만들기 위해 그 어떤 동물도 죽임을 당하지 않는다.

전 세계적으로 매년 260억L의 와인이 생산되며, 그로 인해 약 70억kg의 포도 찌꺼기가 부산물로 나온다. 새로 특허받은 방법으로 포도 찌꺼기의 섬유와 오일을 처리하면 식물성 가죽으로 변형될 수 있다. 이것은 만드는 과정에서 합성 가죽이나 이른바 에코 가죽과 달리 단 한 방울의 석유도 사용하지 않기 때문에 확고한 채식주의자와 동물애호가를 위해 만들어진 것처럼 보인다.

게다가 포도주 제조 폐기물 문제도 해결한다. 그러나 이 새로운 물질은 생산자에게서 안심시키는 말이 나오지 않는다면 그라파grappa 애호가들 사이에서 격렬한 반대가 나올 위험을 안고 있다(그라파도 포도주 제조 폐기물을 이용해서 만든다-옮긴이). 그러나 하나의 생산이 다른 것의 생산을 배척하는 것은 아니다.

으깨진 포도로
그라파만 만드는 것이 아니다.
오늘날에는 가방과
핸드백도 만든다.

오래가서 훔치기 좋은

800

개의 캔이 리치클레타Ricicletta(riciclare[재활용하다] + bicicletta[자전거]의 합성—옮긴이) 하나를 만드는 데 쓰였다. 그것은 인쇄상 오류가 아니라 알루미늄 패키징 컨소시엄 CiAl이 이 중요한 금속의 재사용을 촉진하기 위해 재활용 알루미늄으로 만든 자전거의 이름이다. 이 부문에서 이탈리아는 92만 7,000톤의 고철을 처리해 유럽에서는 금메달감이다. 알루미늄은 100% 재활용이 가능하며, 알루미늄만 그런 것이 아니다.

구리도 있다. 구리는 인간이 사용한 가장 오래된 금속 중 하나이다. 순수한 구리로 만든 첫 번째 수공품은 기원전 1만 년까지 거슬러 올라가며 관련 용융 기술과 함께 최초의 광업 활동은 기원전 5세기까지 거슬러 올라간다. 이 원소의 라틴어 명칭(Cuprum이라고 하며 여기서 화학 기호 Cu가 나왔다)은 로마인들이 구리를 채굴했던 키프로스섬에서 유래한 것이다. 구리는 우수한 전도체이며, 자성이 없고, 습한 공기 속에서 매우 느리게 산화하며, 연성이 뛰어나 전기 및 전자공학 분야에서 특히 많이 응용된다.

이러한 특성과 개발도상국에서의 수요 증가로 인해 구리는 높은 상업적 가치를 지닌다(kg당 약 6유로). 그 때문에 범죄의 주요 표적이 되어, 다행히 줄고 있긴 하지만 가끔 절도 대상이 된다. 이탈리아 내무부의 자료에 따르면 2016년 초부터 10월까지 구리 절도는(주로 전선 형태의 절도로, 종종 수송이나 전기 공급과 같은 필수적인 공공 서비스를 위태롭게 한다) 2015년 같은 기간에 비해 45.4% 감소했다.

기원은 오래되었으나
오늘날에도 유용하게 사용된다.
구리는 100% 재활용이 가능한
탐나는 물질이다.

당신 손안의 금광

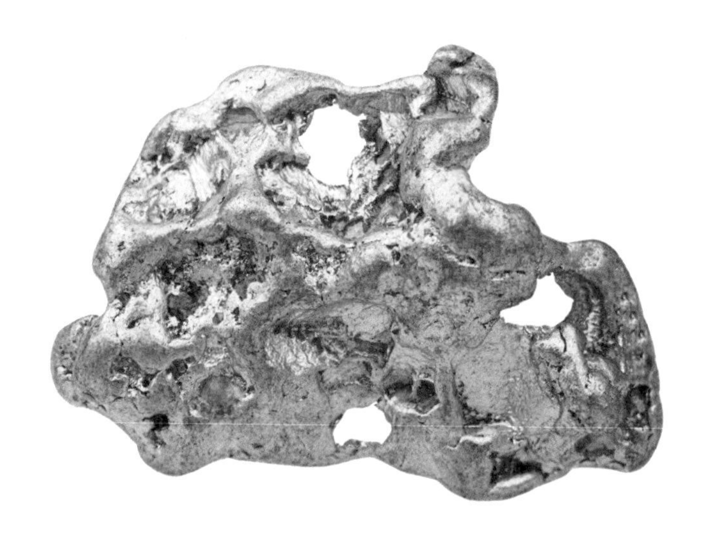

광산에서 1g의 금을 추출하려면 약 1톤의 광석이 필요하다. 이 말은 2014년 7월 2일 EU 환경장관 야네스 포토츠니크Janez Potočnik에게 제공된 보도자료에 나온 내용이다. 그러나 다음 문장이 없었다면 언론인들의 주목을 끌지 못했을 것이다. "41대의 휴대전화에 있는 물질을 재활용하면 같은 양의 금을 얻을 수 있다."

이 수치는 유엔 대학교 고등연구소UNU-IAS를 포함한 여러 권위 있는 출처에 의해 뒷받침된다. 보고서 중 하나는 2014년 전 세계에서 생산된 전자제품 폐기물에 들어 있는 금의 양이 약 300톤이라고 추정한다. 이는 2013년 광산에서 생산된 금(약 2,770톤)의 약 11%에 달한다. 거기에 더해 은 1,000톤, 팔라듐 100톤, 철 1,650만 톤, 구리 190만 톤, 알루미늄 2만 2,000톤이 있으며, 이는 350억 유로의 추정가치가 있다. 이 때문에 전자 폐기물을 종종 도시 광산이라고 부르며, 그들의 관리는 매우 복잡한 문제를 수반한다.

어쨌든 오래된 휴대전화를 쓰레기통에 던져 넣기 전에 한 번 더 생각하는 것이 좋겠다.

반대로 작동하는 병 자판기

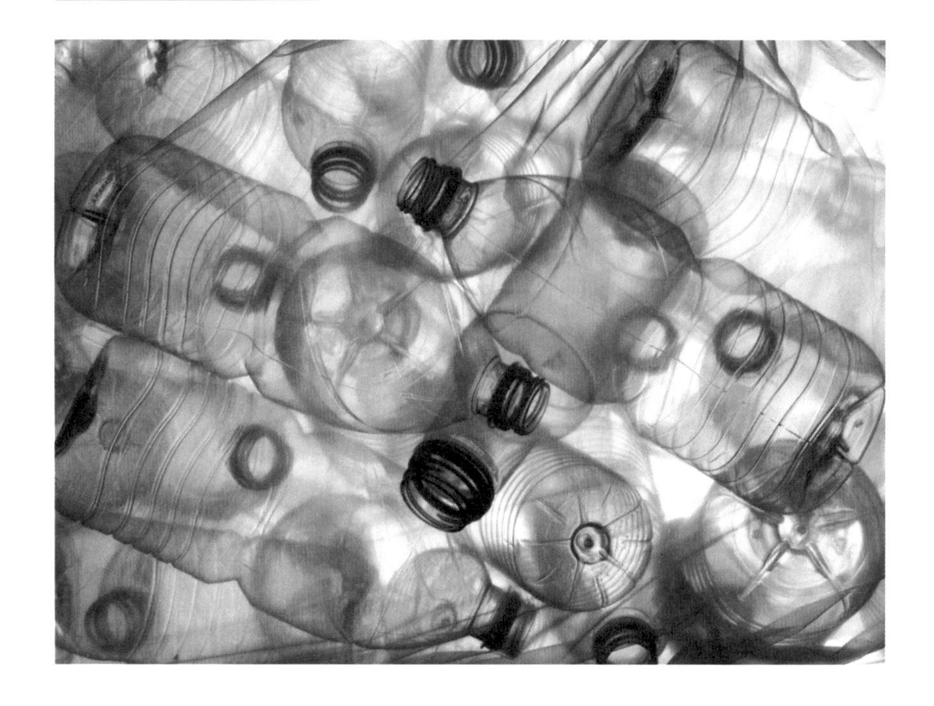

병을 먹고 돈을 돌려주는 기계는 음료 자판기와 정확하게 반대이다. 적어도 독일에서는 이상할 것이 없다. 여기선 이러한 유형의 기계가 어디에나 있다. 슈퍼마켓, 식당 그리고 많은 공공장소에. 이들은 다양한 병과 용기의 재사용 및 재활용을 촉진하는 기술이 집약된 기계이다.

포장에 돈을 준다고? 재활용이 돈이 되면서도 이토록 쉬운 적은 없었다.

원리는 간단하다. 당신은 병이나 용기에 든 제품(맥주, 요구르트, 청량음료 등)을 살 때 판매가격 외에 용기 가격도 지불한다. 그리고 지불한 용기의 가격은 빈 용기를 반환할 때 돌려받을 수 있다. 바로 여기서 '병을 먹는' 기계가 등장해, 빠르고 효율적으로 수거하고, 고객에게는 교환권을 발급해 슈퍼마켓에서 쓰거나 계산대에서 현금으로 바꿀 수 있게 한다.

기계에는 용기가 수평으로 놓이는 원형 입구가 있다. 컨베이어 벨트가 작동해 용기는 기계 안으로 옮겨져 먼저 저울로 무게를 달아 비어 있는지 확인하고 그렇지 않으면 되돌려준다. 그런 다음 광학 검색 시스템이 병의 바코드, 라벨, 윤곽 및 모양을 확인해, 1차적으로 그것이 재활용 가능한 제품의 데이터베이스에 속하는지, 그리고 판매자가 받아들이는 것인지 인식한다. 평가가 긍정적일 경우, 추가 제어 시스템이 작동해 병들을 분리해, 재활용할 것(일반적으로 플라스틱)은 압축하고 재사용할 것(유리로 만든 것)은 전체를 그대로 보관한다. 에코 압축기는 도덕적인 행동을 자극하는 효과적인 도구이다. 미네랄워터 빈 병 하나가 25센트의 가치가 있을 수 있는데 그걸 누가 길에다 버리겠는가? 독일에는 이런 유형의 기계가 수만 대 있으며 다른 나라에도 보급되기 시작했다.

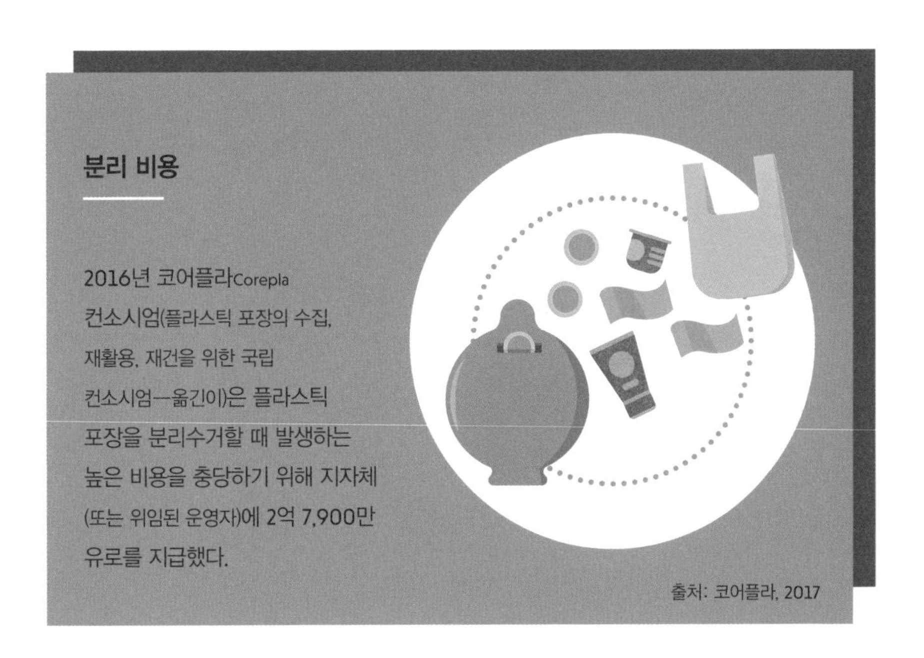

화석연료

오늘날 전 세계적으로 1차 에너지의 약 80%는 석탄, 석유 및 천연가스에서 얻는다. 이 세 가지 연료는 화석fossil이라고 불리는데, 라틴어 fossilis에서 파생된 것으로 '땅을 파서 얻어진 것'을 의미한다. 이 말은 다시 '땅을 파다'란 뜻을 가진 단어 fodere에서 유래한 것이다. 이탈리아어 fosso(움푹 팬 곳, 웅덩이)와 마찬가지이다.

지질학에서 화석이라는 용어는 일반적으로 지구의 지각에 보존된, 과거에 살았던 동식물 유기체의 모든 잔해를 지칭한다. 현재 우리가 쓸 수 있는 에너지의 주역은 사실 수억 년 전에 살았던 선사시대의 식물과 동물이다. 이런 고대 생명체들은 죽은 뒤 진흙, 암석 그리고 모래의 층들로 덮였다. 그 위에 바다와 물길이 때때로 형성되었고 수백만 년 동안 천천히 분해되어

서로 다른 화석연료를 형성해갔다.

예를 들어 석유와 가스는 물속에 살던 해조류와 식물성 플랑크톤에서 유래한다. 지열과 박테리아 그리고 그들을 덮고 있는 지층의 압력이 함께 작용해 그들을 '요리'해서 석유를 만들었고, 온도가 보다 높은 더 깊은 곳에서는 천연가스를 만들었다고 할 수 있다.

석탄도 비슷한 작용으로 만들어졌는데, 나무와 식물이 원료이다. 석탄이 형성되는 분지는 종종 바닷물로 덮여 있었다. 그러다 바닷물이 물러나면 물에 포함되었던 황이 석탄에 남는다. 오늘날 황은 석탄연소를 꺼리게 하는 주요 오염물질 중 하나이다.

지구의 지각을 파면
귀중한 폐기물을
발견할 수 있다.
그것은 화석연료이다.

탄소

다이아몬드를 선물하는 것과 연필을 선물하는 것은 그것을 받는 사람에게나 사는 사람에게나 정확히 똑같은 일이 아니다. 그러나 둘 다 주기율표의 여섯 번째 원소인 탄소로 만들어진 것이다. 사실 정확하게는 동소체라고 하는 원소의 두 가지 형태이다.
연필을 만드는 데 쓰이는 흑연은 가장 부드러운 형태 중 하나이며, 어떤 유형의 핵 반응로에서는 중성자 감속제로 쓰이고, 윤활제로도 쓰이며, 그래핀 형태로 미래의 전자공학에 응용되기도 한다. 다이아몬드는 가장 단단한 동소체 중 하나이며 보석으로 쓰일 뿐만 아니라 절단 및 연마 도구와 같이 산업적으로도 다양하게 응용되고 있다.
탄소는 야금에도 쓰이는데, 철에 낮은 비율로 첨가되어 강철 또는 주철(탄소 함량 2% 이상)을 생산하고, 기계적 응용 분야에도 사용된다. 합성섬유인 케블라와 함께 항공기, 경주용 자동차, 자전거와 다른 스포츠 장비의 구조에 내구성과 경량성을 주는 데 사용된다.

좋은 동기로 화장실에서 돈 벌기

당신의 수입을 보충하면서 동시에 누군가의 건강에 도움이 될 수 있는 아이디어를 찾고 있는가? 만약 당신의 나이가 18세에서 50세 사이이고 건강하며 좋은 몸매를 가진 사람이라면 US 오픈바이옴OpenBiome사가 당신을 도울 수 있다. 정기적으로 당신의 대변을 제공한다면 말이다. 사실 이것이 회사의 모토가 말하듯 '환자의 삶을 바꾸는' 똥 기증자가 되는 데 필수적인 조건이다. 물론 혈액과 대변 분석을 포함한 예비 건강검진을 거쳐야 하지만 말이다.

한 그룹의 의대생이 제시한 아이디어에서 탄생한 오픈바이옴은, 웹사이트에서 말하는 것처럼 대변 은행이며, 클로스트리디움 디피실*Clostridium difficile*이나 항생제로는 치료가 안 되는 다른 대장 질환으로 고통받고 있는 연간 50만 명에 이르는 미국인의 필요에 부응한다. 클로스트리디움 디피실은 인간의 대장에 살면서 설사와 장 염증을 일으키는 독소를 만들어내는 병원성 박테리아이다. 이것은 두 명의 미국 과학자 홀Hall과 오툴O'Tool에 의해 밝혀졌다. 두 사람은 이러한 연구결과를 1935년 2월에 발표했다.

일반적으로 항생제로 치료되지만 부작용이 없는 것은 아니다. 건강한 장에서, 클로스트리디움 디피실은 인체에 유익한 다른 박테리아종과 경쟁하면서 통제된 상태에 있다. 항생제는 이러한 박테리아 생태계를 파괴함으로써 클로스트리디움 디피실의 천적을 없애 매우 강한 배종胚種을 만들어낼 수 있으며, 이는 심각한 불균형을 초래할 수 있다.

오픈바이옴에 따르면 항생제로 치료받은 환자 5명 중 1명꼴로 재발한다. 이 경우 대변 이식Fecal Microbiota Transplant-FMT은 효과적인 대안이 된다. 즉 건강한 기증자의 대변을 환자의 장에 이식

인체 미생물

장내 미생물은 우리 소화기 계통에 존재하는 미생물의 집합이다. 박테리아, 곰팡이, 바이러스는 우리와 공존하면서 면역 체계에 근본적인 역할을 한다.

똥 기증자가
되고 싶은 사람?
미국에서는 될 수 있다.
명분은 고귀하며, 심지어
경제적 혜택도 얻을 수
있다.

하는 것이다.

이식이 어떻게 작동하는지 완전히 규명되지는 않았다. 그러나 건강한 변은 환자의 몸 안에서 클로스트리디움 디피실과 싸우는 박테리아군(기술적으로는 장내 미생물군의 일부)이 재생하도록 돕는 것으로 생각된다. 대변 이식으로 치료될 확률은 약 80~90%로 추정되며, 2014년에는 1,835회에서 2015년에는 7,131회로 치료 건수가 크게 증가했으며, 300kg의 대변이 치료 목적으로 이용되었다.

이 기술에 대한 의료계의 관심이 증가하고 있으며 미국식품의약국FDA은 2013년부터 이를 규제하기 시작했다. 심지어 이탈리아의 대학과 병원에서도 이 기술을 사용하기 시작했다.

2015년 말부터는 대장내시경을 통한 이식을 대체해 캡슐을 사용할 수 있다. 따라서 기증자 찾기가 시작되었다. 매사추세츠의 한 오픈바이옴 지사는 하루에 샘플당 40달러를 지불하고 일주일에 5회, 최소 60일 동안 기부할 것을 요구한다. 그렇게 하면 일주일에 200달러를 받고, 진지하게 받아들이는 사람에게는 1년에 1만 달러가 된다.

똥을 밟으면 재수가 좋다는 말이 사실일지도 모른다. 제대로 된 장소에서 하면 더 좋고.

클로스트리디움 디피실

인간의 장 속에 살면서 설사와 장염을 일으키는 독소를 만드는 병원성 박테리아

당신이 매일 하는 가장 중요한 일!

대변의 양 치료받은 환자

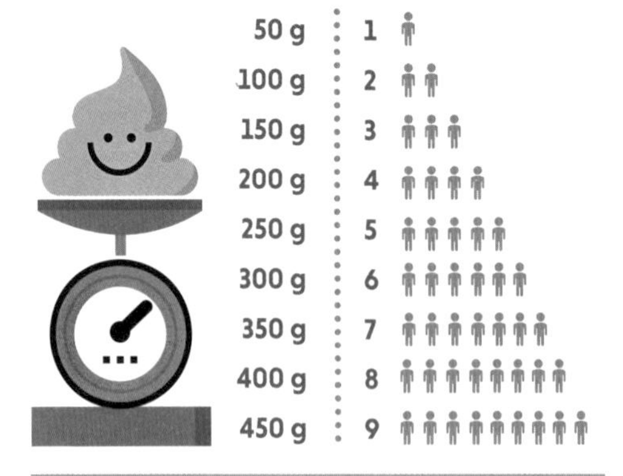

출처: OpenBiome

똥 에너지는 수십억의 가치가 있다

그것은 거의 같은 무게의 금만큼 가치가 있다. 이 말이 지칭하는 대상으로 똥을 떠올리기는 어렵다. 그러나 유엔 대학교의 물, 환경 및 건강 연구소UNU-INWEH의 연구에 따르면 매년 전 세계적으로 생산되는 인간의 대변을 연료로 적절하게 재활용한다면 그 가치는 최대 95억 달러까지 이를 수 있다.

데이터를 살펴보자. 비록 체중, 성별, 식사와 같은 요인으로 다양한 평가치와 결과의 변이가 있지만, 인간은 하루에 평균 130g(최근 영국 학자들이 『환경과학 기술 비평 리뷰Critical Reviews in Environmental Science and Technology』라는 저널에 발표한 논문에 따르면, 보다 정확하게는 128g)의 대변을 생산한다고 확실하게 말할 수 있다. 거기에 365일과 70억 인구를 곱하면 지구상에서 1년에 3,270억kg이 만들어진다. 우리의 배설물이 영양을 포함하고 있고 에너지의 원천이라는 사실이 없었다면 그저 호기심을 불러일으키는 놀라운 숫자일 뿐이다.

우리의 배설물에는 귀중한 요소가 풍부하다. 재활용하자!

우선 대변이 혐기성으로 소화되는 동안, 즉 산소 분자가 없는 조건에서 미생물에 의해 분해되는 동안, 바이오가스가 생산된다. 바이오가스는 60%가 메탄이며, 위에서 언급한 연구에 따르면 평균 열량이 m^3당 25MJ(메가줄)로, m^3당 38MJ인 천연가스보다 조금 적을 뿐이다. 건조된 대변 잔여물은 연소시킬 수 있고 석탄과 비슷한 에너지 함량을 가진다.

심지어 액체 배설물의 가치도 그보다 적지 않다. UNU-INWEH 보고서에 인용된 스웨덴 인구 표본을 기반으로 한 연구에 따르면, $1m^3$의 인간 소변에는 약 3.6kg의 질소, 310g의 인, 900g의 칼륨 및 300g의 황이 포함되어 있다. 이들은 모두 비료를 생산하거나 직접 사용하는 데(WHO의 지침에 따라 농업에서 배설물의 안전한 사용은 규제되고 있다) 금과 같이 귀중한 원소이다.

지구상의 모든 배설물이 바이오가스로 바뀌면 수십억 달러의 가치가 있다. 다양한 이유로 실현하기 어려운 야심적인 시나리오이다. 첫 번째는 심리적인 이유이다. 인간의 배설물을 사용하는 데는 정서적인 장벽이 작지 않다. 그리고 이런 종류의 고체 연료 사용에는 안전성과 관련된 문제가 있으므로, 신중하게 시험해야 한다. 또한 배출된 하수에 가정용으로 적합하지 않은 화학물질이 포함될 수 있다는 사실도 감안해야 한다.

그럼에도 불구하고 단순히 경제적인 것을 훨씬 넘어서는 이점이 이 분야의 지속적인 연구를 자극한다. 위 연구에서는 또한 배설물의 재활용을 모듈화되고 탈중앙화된, 그럼으로써 농촌과 소도시 실정에 적합한 혁신의 도구로 사용할 수 있는 '쓰레기에서 건강으로Waste to Health' 프로그램을 언급한다. 이는 심각한 위생시설 부족 문제를 해결하는 데 기여할 수 있는 투자와 관심을 이끌어낼 수 있다.

똥 와이파이

멕

시코시티에서는 강아지 똥의 무게가 바이트byte의 가치가 있다. 말 그대로이다. 멕시코시티는 반려견의 배설물을 치우지 않는 예의 없는 주인들 때문에 오랫동안 시달려왔다. 그래서 멕시코의 통신회사 테라Terra는 도시공원 안에 '똥 와이파이Poo WiFi'라고 불리는 특별한 개똥 수거 시스템을 설치해서 자사를 알리는 획기적인 광고방식을 고안하였다.

이 기술적인 컨테이너는 개 주인이 넣은 배설물 봉지의 무게를 자동으로 재서, 테라 모바일 네트워크에 연결된 시스템을 통해, 컨테이너 근방에서 무료 와이파이 연결을 제공한다. 연결 시간은 투입한 똥의 양에 비례한다. 이 캠페인 소개 동영상이 보장하는 대로, 당신의 충실한 개가 마련한 와이파이를 통해 이메일을 확인할 수 있을 것이다. 하지만 영화 한 편 분량의 데이터를 위해서는 치와와가 아니라 세인트버나드가 필요할지도 모른다.

노후연금을 어떻게 지불하는가

암

소 한 마리가 1년에 약 10톤의 똥을 만들어낸다는 것을 고려할 때, 이것을 재사용할 수 있다면 확실히 좋은 일일 것이다. 사실 유기질 분뇨는 점점 더 수요가 늘어나고 있는 제품이다. 마침내 토리노주의 카보우르Cavour에 최초로 똥 생산 사육장이 생겼다. '평온한 소 농장Farm Serenity Cow'에는 도살장에서 구출한 나이 든 소와 말들이 있다. 그들은 퇴비를 생산하기 위해 사육된다. 이들 퇴비는 정원에서 사용되거나 가공해서 재판매된다. 그러니까 소와 말들은 그들의 연금을 지불하는 것이며 사육자는 새로운 비즈니스 모델을 경험하는 것이다.

테이크아웃 분뇨

테이크아웃 분뇨는 예술가 피에로 만초니Piero Manzoni가 처음으로 생각해냈다. 1961년에 그는 '예술가의 똥' 박스를 90개 제작했다. 이제는 퇴비 차례다. 750g 단위로 상자에 담겨, 슈퍼마켓 진열대에 놓였다. 이것은 '진짜 똥Real Shit'이라고 불리며, 6유로 미만의 금액으로 음식 애호가를 위한 지역 컬트 이탈리Eataly(eat+Italy)에서 온라인으로 사거나 전 세계 다양한 상점에서 살 수 있다.

분뇨에는 식물의 생장을 돕는 16가지 요소 중 3가지가 들어 있다. 매우 귀중한 천연자원이다.

우사에서 직접 살 경우 100kg에 2유로인 것에 비하면 비싸지만, 라벨이 보증하는 대로 '최고 품질의 유기성 분뇨'이다. 채소밭과 정원용 비료로 쓰이는 이것은 젖소와 암탉이 생산한 것으로, 농부들 사이에서 예전부터 전해 내려오던 전통적인 '분뇨 둔덕'에서 9개월 동안 최소 7번 이상 뒤집어주면서 숙성시킨 것이다.

분뇨에는 모든 식물의 생장에 꼭 필요한 16가지 원소 중 3가지인 질소, 인, 칼륨이 풍부하게 들어 있기 때문에 아주 좋은 비료이고, 이런 이유로 수세기 동안 농사에 기본적인 자원으로 사용되었다. 그게 전부가 아니다. 인도의 농촌 지역에서는 요리하는 데 마른 똥을 사용하는 것이 매우 일반적인 풍습이며 특정한 의식을 위해 준비된 전통적인 관습이기도 하다.

몇 년 전까지만 해도 전형적인 가정용 돌 화덕에서 태울 수 있는 이 연료는 매우 저렴했으며 구하기가 매우 쉬웠다. 하지만 시간이 흐르고 인구가 증가함에 따라 점점 더 구하기 어려워지고 있다. 그래서 필요한 마른 똥을 얻기 위해 오늘날에는 많은 가정에서 인터넷을 이용하고 있다. 아마존과 이베이, 다른 많은 사이트에서 똥 케이크는 매우 인기 있으며, 몇 루피면 집으로 배달된다. 이들 마른 똥 케이크는 농촌 마을 여성들이 손으로 만든 것으로, 태우면 약 2,100kJ(킬로줄)의 열량을 낸다. 이는 석유 60ml(위스키 잔 두 잔 분량)에 해당한다. 그러나 동시에 그것들은 많은 유독 가스를 방출하기 때문에 환기가 잘되지 않는 실내와 부엌에서 많은 시간을 보내는 여성과 어린아이들의 건강을 위협하고 있다.

맛있는 식사를 준비하는 데 이것이 요긴하게 쓰이더라도 요리의 재료로 사용되지 않도록 주의해야 한다!

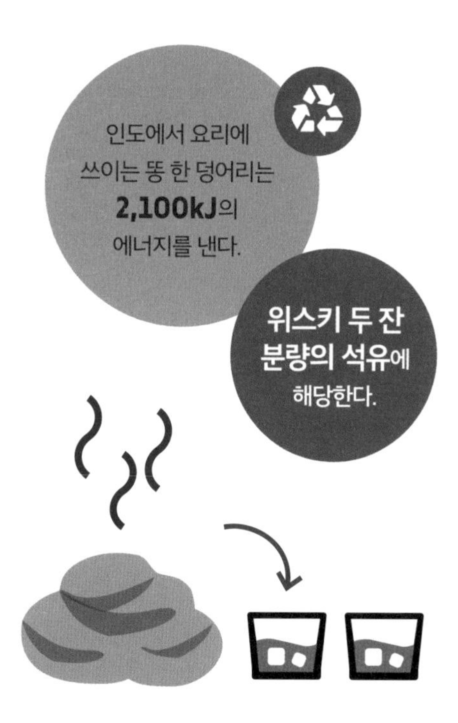

페루의 비즈니스

똥은 밟았을 때만 행운을 의미하는 것이 아니라 실제로 유용한 자원이 되기도 한다. 페루와 일부 바다 섬에 수십 미터의 층으로 쌓여 있는 새똥은 '구아노'라는 이름으로 불리며 주요 수출품목 중 한 가지이다. 이 특별한 천연자원의 가치를 알아차리고 두루 글로 남긴 최초의 유럽인은 19세기 초반 독일의 박물학자이자 지리학자였던 알렉산더 폰 훔볼트Alexander von Humboldt이다. 그의 작품의 평판 덕분에 구아노는 큰돈이 되었고 수출되기 시작했다.

오늘날에는 이상하게 보일 수 있지만, 부유하고 잘 정립된 여느 국제 비즈니스들처럼, 구아노 역시 커피, 차, 향신료, 코코아 그리고 물론 석유와 똑같이 국가의 탐욕을 촉발시켰고 전쟁을 불러오기도 했다. 예를 들어 친차Chincha 섬을 둘러싸고 스페인과 페루·칠레 동맹 사이에 벌어진 전쟁(1864~1866)에서는 구아노를 누가 통제할 것인지가 핵심 쟁점이었다. 1865년 미국은 구아노섬 법Guano Islands Act을 승인했는데, 이 법은 섬에서 아직 등재되지 않은 퇴적물을 발견한 미국 시민은 이를 합법적으로 전유할 수 있도록 허용했다.

다른 한편 페루에서 날아온 가마우지, 펠리컨, 부비새 들이 주로 선사한 이 중요한 상품은 오늘날 생물다양성 및 환경과 관련해 비즈니스를 어떻게 할 것인지에 대한 훌륭한 사례가 된다. 이 자연적인 유기질 비료는 손으로 직접 채집하며 새들을 겁줄 수 있기 때문에 기계장치를 사용하지 않는다. 비록 새들의 번식을 방해하지 않도록 채집을 1년 중 8개월로 제한하고 있지만, 생산량이 많은 섬들은 밀렵과 불법적인 채집을 방지하기 위해 1월부터 12월까지 1년 내내 감시하고 있다.

21개의 구아노 섬 덕분에 페루는 유기농업에서 점점 더 많이 필요로 하는 이 원료의 가장 주요한 생산국이자 수출국이다. 구아노의 양과 질을 보장하기 위해, 페루 정부는 이를 생산하는 새들뿐만 아니라 그 새들이 기대어 사는 해양생태계를 보호하고 있다. 또한 밀렵 및 오염과 싸우며, 남획에도 적극적으로 맞서고 있다.

오늘의 단어: 구아노

구아노는 인과 질소가 특별히 풍부한, 새의 배설물에서 추출한 거름의 일종으로 세계 다양한 곳에서 비료로 쓰인다. 이 단어는 안데스 원주민 언어인 케추어의 huanu에서 스페인어 guano로 변한 것이다. 고고학 발굴에 따르면 안데스 원주민들은 페루 연안의 작은 섬에서 1,500년 이상 구아노를 수집했으며 스페인 식민지 지배자들의 문서는 농업을 위한 이 귀중한 물질이 잉카 제국에 제공될 정도로 중요했음을 말해준다. 구아노 보호구역에 대한 접근이 규제되었고 구아노를 생산하는 새를 괴롭힐 경우 사형까지 받을 수 있었다.

플라스틱으로 만든 집

우리가 사용하는 거의 모든 제품에 플라스틱 물질이 포함되어 있다. 옷에서부터 가전제품, 가정용 가구, 식품 포장, 자동차, 전자제품에 이르기까지 플라스틱은 일상 어디에나 존재한다. 급기야 플라스틱 벽돌로만 지은 집도 등장했다. 콜롬비아의 스타트업 기업 콘셉토스 플라스티코스Conceptos Plásticos(전체 프로그램의 이름이다)는 플라스틱 포장, 자동차 타이어, 전자제품 폐기물과 같은 비일회용 폐기물을 모아서 파쇄한 다음 특허받은 혼합물과 함께 녹여 가볍지만 매우 강한 벽돌을 만들었다. 이것은 레고벽돌처럼 서로 완벽하게 들어맞도록 설계되어 단단하면서 자체적으로 지지하는 구조를 이룬다.

이 새로운 소재로 만든 '벽돌'은 세계에서 가장 유명한 건축 게임이나 3차원 퍼즐에서 쓰는 브릭과 마찬가지로 하나 이상의 오목한 부분과 위, 아래 및 옆면에 돌출부를 가지고 있다. 함께 연결하기 위해 몰타르, 모래, 접착제 또는 시멘트가 필요하지 않다. 벽돌끼리 맞추기만 하면 끝이다. 이런 방식으로 지어지는 집은 가볍고, 단열이 잘되며, 매우 싸고, 실질적으로 전문가의 도움 없이도 스스로 만들 수 있다.

강한 사회적 연대 소명을 가진 건축가, 디자이너, 도시 계획가 들로 구성된 콘셉토스 플라스티코스는 야심적인 프로젝트를 가지고 있다. 지속 가능한 다세대 건축을 창조하고, 플라스틱으로부터 콜롬비아를 깨끗하게 해주며, 수천의 가난한 가족이 (플라스틱) 집 짓는 것을 도와주는 것이다.

오늘날 플라스틱 물질은 지구상에서 가장 풍부한 쓰레기이며 비록 스위스(99.8%), 오스트리아(99.6%), 네덜란드(99.2%)와 같은 일부 유럽 국가가 그들이 실제로 사용하는 모든 것을 재활용하거나 연소시킬 수 있다 하더라도, 다른 많은 국가에서는 상황이 상당히 다르고 일부 개발도상국은 말 그대로 압도당하고 있다.

플라스틱의 역사를 우리는 성공 스토리라고 부른다. 천연고무에서 나온 고무를 사용한 최초의 역사적 증거는 기원전 2000년까지 거슬러 올라간다. 그러나 20세기 초, 유기고분자가 완전 합성 분자와 결합해 엄청난 능력을 가짐에 따라 플라스틱은 세계를 정복했다. 가소성이 있고 내구성이 좋으며 경제적인(석유 부산물인) 플라스틱은 불행히도 영구적이다. 1950년 150만 톤 생산되던 플라스틱은 지속적으로 증가해 2015년 약 3억 2,200만 톤에 이르며 거대한 성공 스토리에 방점을 찍었다. 그러나 이는 환경적 관점에서 보면 유례없는 재앙의 역사로 읽힐 수도 있다.

플라스틱의 산업적 생산이 노벨상 수상자인 이탈리아의 엔지니어 줄리오 나타Giulio Natta의 발견으로 시작된 것을 생각한다면, 이탈리아에도 일부 잘못이 있다. 그가 발명한 모플렌(등가성 폴리프로필렌)은 여전히 세계에서 가장 많이 사용되는 플라스틱 중 하나이다. 1950년부터 현재까지 생산된 모든 플라스틱 중 아주 적은 부분만 재사용되었으며, 대부분은 땅 밑이나 바닷속에 있다. 실질적으로 우리는 플라스틱 속에서 사는 것이니, 플라스틱은 이미 우리의 집이 된 셈이다.

모든 어린이의 꿈이었던 레고로 만든 집은 오늘날 연대의 실질적인 해법이 될 수 있다.

4

그것들은 에너지와 자원을 만든다

폐기물을 생산하는 데는 종종 노력이 필요하다. 그리고 항상 에너지를 소비한다. 손해를 본 데 더해 조롱도 받는 꼴이라고나 할까? 다행히 영국의 양조업자와 그의 뒤를 이은 다른 과학자들이 몇몇 자연의 근본 원리를 찾아냈다. 그것은 열역학의 법칙이다. 그것에 기초해 우리는 에너지가, 기술과 창조성을 이용하면 다른 형태로 부분적으로 회수될 수 있다는 것을 알게 되었다. 때로는 이러한 변환 과정에서 다른 폐기물이 발생하기도 한다. 그러나 폐기물이 발생하지 않는 경우도 있다.

에너지는 버려지지 않는다

열역학의 원리를 설명하려고 할 때 쓰레기통과 돼지 똥이 떠오르는 첫 번째 주제가 아니라는 점은 인정해야겠다. 그러나 똥 무더기와 축축한 쓰레기통은 세상을 지배하는 법칙 중 하나인 에너지 보존 법칙의 훌륭한 실험적 사례를 나타낸다. 열역학의 첫 번째 원리는 에너지가 생성되거나 파괴되지 않고, 다만 한 형태에서 다른 형태로 변화된다고 말한다. 두 번째 원리는 이러한 변화에 가해진 제한이다. 열은 더 차가운 물체에서 더 따뜻한 물체로 자발적으로 옮겨가지 않는다는 말로 간단하게 요약할 수 있다.

인류는 문명의 여명기부터 열역학의 원리를 활용하며 살아왔다. 식물이 자라는 데 사용된 태양에너지는, 식물이 음식으로 만들어지면서 사용 가능한 에너지로 바뀐다. 이러한 방식으로 태양에너지는 인간에 의한 일련의 변형을 통해 이동, 사냥, 작물 재배, 도구 제작 등을 위한 기계적인 에너지로 전환된다.

정확하게 균형이 맞으면 아무것도 잃지 않고 태양에서 사람으로 전달된다. 그리고 물론 그것은 중간 과정에서도 마찬가지이다. 오늘날 이러한 원리는 석탄이나 석유와 같이 자연에 이미 존재하는 1차 에너지원이 전환되는 기초가 된다. 그러나 바람, 태양, 물을 자연에서 자발적으로 존재하지 않는 전기와 디젤, 가솔린 연료 같은 2차 에너지원으로 바꾸는 원리이기도 하다.

그리고 두 번째 원리에 의해 확립된 비가역성을 고려한다면, 그것은 우리가 얻을 수 있는 효율성의 기본이기도 하다. 이것을 우리는 현실에서 경험하는데, 자동차를 움직이는 데 사용되는 휘발유의 일부는 열로서 소실되고 다른 쓰임새로 재사용할 수 없다.

에너지는 변환될 수 있으며, 바로 그 변환으로 인해 우리가 필요로 하는 것들, 즉 이동, 난방, 냉방, 통신, 건축 등에 에너지를 쓸 수 있다. 이와 같은 활동은 다른 시간에 서로 멀리 떨어진 장소에서 이루어진다.

사용 가능한 에너지는 종종 발전소와 같이 집중된 장소에서 생산된다. 그러므로 에너지를 수송할 수 있어야 한다. 언제 어디서나 필요할 때 에너지를 보내줄 수 있도록 저장 매개체도 필수적이다.

저장 매개체에는 많은 종류가 있다. 예를 들어 연료의 경우 화학결합 덕분에 사용할 에너지를 효과적으로 수송할 수 있다. 사실 원자를 분자 내에 함께 묶고 화학결합을 만들기 위해서는 에너지가 필요하며 분자 자체에 저장된다. 이 에너지 중 일부가 화학반응 중 결합이 끊어져 반응 분자가 변형되면서 일반적으로 열의 형태로 방출되어 이 에너지를 이용하는 것이다. 메탄의 연소를 예로 들 수 있다. 메탄 분자 한 개가 산소 원자 두 개와 반응하면 이산화탄소 분자 한 개와 물 분자 두 개를 생성하고 이 과정에서 에너지가 방출된다.

태양 에너지는 인간에게까지 오는 동안 아무것도 잃지않고 전달된다. 열역학은 쓰레기에도 적용된다. 쓰레기는 진정한 에너지 저장소이다.

연료의 사다리

에너지와 에너지가 있다. 개발도상국에서 여성과 어린이들이 땔감을 모으는 데 일주일에 평균 9~12시간 소비한다는 것은 잘 알려진 사실이다. 네팔 여성들은 이틀 반을 소모한다(덧붙이자면, 남성은 45분에 그친다). 반면 우리가 동일한 결과를 얻기 위해서는, 즉 사는 곳을 덥히고 요리를 하기 위해서는 그저 스위치를 켜거나 손잡이를 돌리기만 하면 된다. 추상적으로는 에너지의 개념이 단일하다고 하더라도 실제로 모든 에너지원이 가정용으로서 동등한 것은 아니다. 가정에서의 에너지 사용은 사다리로 요약할 수 있다.

낮은 단계에는 배설물, 농업 부산물, 목재와 같은 가장 간단한 생물학적 연료가 있다. 사다리를 올라가면 석탄이나 등유 같은 화석연료, 그리고 더 높게는 가스와 마주친다. 계단 맨 꼭대기에는 가장 현대적이고 깨끗한 형태의 에너지인 전기가 있다. 계단을 올라

갈수록 다양한 연료를 쓰는 스토브는 더 깨끗하고 안전하고 효율적이다.

사실 문제는 연료의 종류뿐만 아니라 어떻게 태워지느냐에 달려 있다. 예를 들어 불타는 목재는 미세먼지, 일산화탄소, 벤젠, 기타 오염물질을 배출하기 때문에 적절한 환기장치가 없거나 환기가 효율적으로 이루어지지 않는 곳에서 연소되면 건강에 매우 위험할 수 있다.

'더 깨끗한' 대체물을 사용한다는 것은 당신이 사다리의 계단을 올라간다는 의미이다. 그러나 불행하게도 여전히 많은 사람이 사다리의 가장 높은 곳에 접근할 수 없다. 2016년 세계 에너지 전망에 따르면, 주로 아시아의 개발도상국과 사하라 사막 이남 아프리카에 거주하고 세계 인구의 38%에 해당하는 27억 명이 여전히 전통적인 고체 바이오매스를 사용해 요리하고, 12억 명은 전기 없이 살고 있다. 이 모든 것은 건강에 매우 심각한 결과를 초래한다. 생각해보라. 매년 1,300만 명이 밀폐된 가정환경에서 연소로 생성된 대기 오염물질에 노출됨으로써 조기에 사망한다. 이들은 주로 가정에서 더 많은 시간을 보내는 여성과 어린아이이다.

에너지 사다리

전기

가스

석유

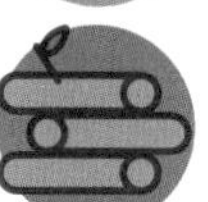

목재

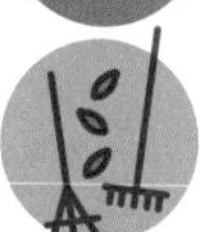

농업 부산물

배설물

에너지 빈곤

에너지 빈곤은 다른 형태의 빈곤보다 덜 알려져 있지만, 덜 심각한 문제는 아니다. 가정에서 전기를 사용할 수 있는지, 오염을 발생시키지 않는 조리기구를 사용할 수 있는지 여부로 정의되는, 현대적 에너지 서비스에 대한 접근성이 결여된 상태를 의미한다. 에너지와 청정에너지에 대한 접근은 인간의 발달과 삶의 질에 영향을 미치는 근본적인 것이다.

유기 발효

바이오가스는 어떻게 에너지를 발생시키는가?

식품 산업 폐기물, 농업 잔류물 및 유기 폐기물이 에너지와 열이 될 준비를 하고 있다.

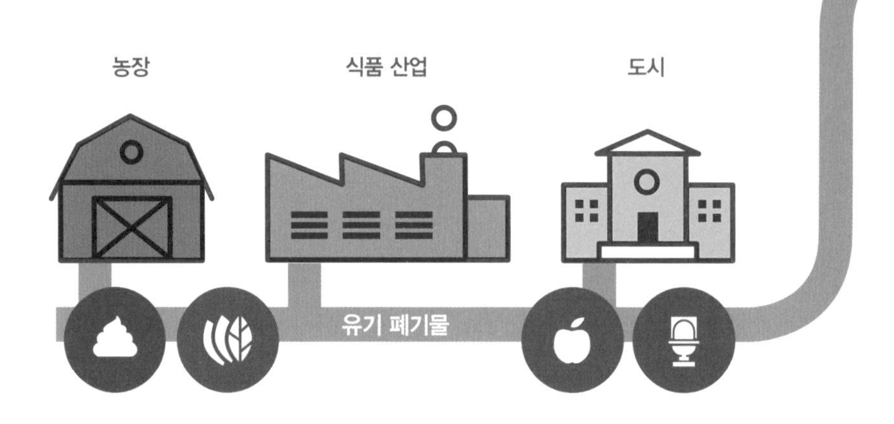

만약 당신이 스웨덴 친구들과 피크닉을 가게 된다면 그들이 곧 터질 것 같은 금속 캔(참치 캔 같은 것)을 가져오더라도 걱정하지 마라. 거기에 든 것은 곧 당신에게 제공될 맛있는 샌드위치에 들어갈 수도 있다. 그리고 비록 냄새는 최고가 아닐지 모르지만(사실 엄청나게 불쾌한 냄새가 나지만), 당신은 곧 진미를 맛보게 될 것이다.

이것을 수르스트뢰밍surströmming이라고 하는데, 발트해에서 난 청어를 발효, 즉 통제된 방식으로 상하게 한 것이다. 이것은 스웨덴의 전통적인 길거리 음식으로, 최소한 16세기부터 알려진 것이며 스칸디나비아인들 사이에서 인기가 많다. 냄새 외에도, 그것을 입에 넣기 전에, 청어의 발효로 인한 가스 때문에 생긴 캔의 변형 또한 매우 인상적이다.

발효는 탄수화물이 더 작은 분자로 분해되면서 에너지를 내놓는 신진대

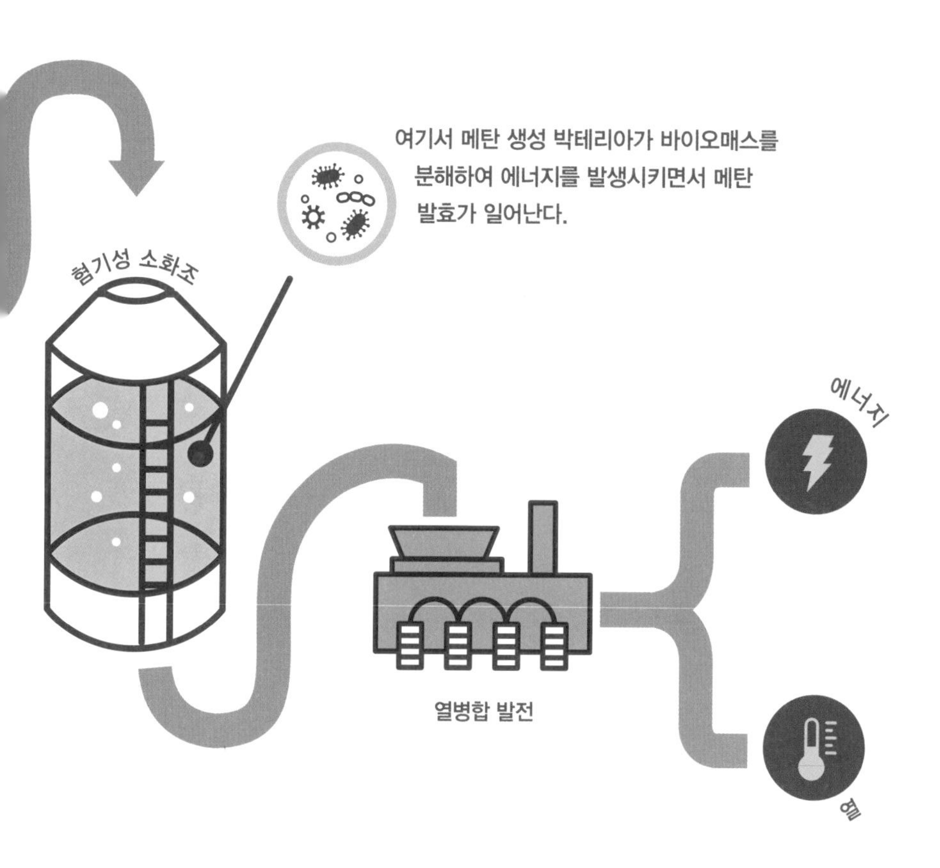

사 화학반응이다. 이것이 바이오가스 생산의 기원이다. 바이오가스의 주요 성분은 사실상 메탄(50~75%)과 이산화탄소(25~50%)지만 실제로는 다양한 기체의 혼합물이다. 바이오가스는 배설물, 동물 사체, 짚 등 축산 분야에서 나온 폐기물, 농업 및 농식품 산업 잔류물, 유기 폐기물과 하수도에서 발효가 일어날 때 만들어진다. 발효 과정에서 메타노젠methanogens이라는 미생물이 산소가 없는 상태에서 이들 물질을 혐기성 소화하고, 이 물질들은 바이오가스와 영양이 풍부해 좋은 비료가 되는 고체 잔류물이 된다.

이 생물학적 과정은 환경에 많은 이점을 가져다준다. 사실 그것은 재생 가능 에너지와 천연 비료를 생산할 수 있게 해주고, 폐기물 관리 문제를 경감해주며, 매립지에서 발생하는 유해한 온실가스의 발생을 줄여준다. 적절하게 수집된 바이오가스 메탄은 난방, 수송, 전기 발전소의 연료로 사용된다.

예를 들어 영국의 브리스틀에서는 얼마전 푸poo(똥)버스 프로젝트를 개시했는데, 최근에는 2층 시내버스에 이 장비를 장착했다. 비록 발효 과정과 그 후의 메탄 연소에서 이산화탄소가 발생하긴 하지만 전체적인 균형으로 볼 때 지질학적 기원의 천연가스 연소에 비해 여전히 더 유리하다.

채소는 다양한 방법으로 쓰레기가 된다. 농업에서 나오는 쓰레기, 식물이나 식물을 먹은 동물을 소화한 후 생물이 내놓는 배설물 및 고기의 분해 등으로 인한 폐기물이 바이오가스를 생산할 때 연소 중에 배출되는 이산화탄소는 실제로 식물이 생장하는 동안 흡수한 것과 동일하다. 식물들은 다시 자라고, 이는 바이오가스를 재생 가능한 원천으로 만든다.

그리고 밀라노 비코카 대학교의 스마트 업그레이딩Smart upgrading 특허 덕분에 바이오가스는 더 싸질 수 있다. 따라서 경제적으로 다른 화석연료보다 더 경쟁력을 가진다. 문제는 발효 과정에서 생산되는 이산화탄소에 있다. 터빈을 통한 전기와 열에너지의 생산에서, 메탄과 이산화탄소가 혼합된 바이오가스가 바로 사용될 수 있다. 그러나 자동차 연료로 사용하려면 수송에 용이하도록 액화되어야 하고, 기술적이고 경제적인 이유로 이산화탄소를 걸러내야 한다. 비코카 대학교의 신기술은 바이오가스에서 이산화탄소를 '세척'할 수 있게 해준다. 이 기술은 비용과 에너지가 적게 드는 생분해성 변환물질을 이용할 수 있다는 이점이 있다. 이러한 기술의 개발은 향후 가스 수요의 일부분을 이탈리아 내에서 생산할 수 있게 이끌어 북아프리카 국가들과 러시아에 대한 강한 의존성을 경감시킬 수 있다.

!

이탈리아는 유럽에서
두 번째로 많은
바이오가스 플랜트를
가지고 있다.

**비코카 대학교의
특허 기술은 바이오가스를
덜 비싸고 이점이 더 많은
것으로 만든다.**

전기 돼지

“안드로이드는 전기 양을 꿈꾸는가?”라고 필립 딕Philip K. Dick은 자신의 가장 유명하고 환상적인 소설 중 하나에서 물었다. 우리는 알 수 없다. 하지만 미국 듀크 대학교에서는 전기 돼지를 꿈꾸어왔으며 그것을 현실에서 실현했다. 노스캐롤라이나의 작은 농업 센터 야드킨빌Yadkinville에서는 3,000명 안 되는 사람과 수천 마리의 농장 동물이 살고 있다. 연구자들은 농장들의 협조로 9,000마리의 돼지와 함께, 그들의 배설물에서 에너지를 추출하기 위한 시범 플랜트를 건설했다. 120만 달러가 들어간 이 플랜트는 혐기성 소화조(이 용기 안에서 배설물이 발효되고 특정한 박테리아에 의해 소화되면서 메탄을 생산한다)와 메탄의 연소로 작동하는 터빈 시스템을 갖추고 있다.

전 세계 9억 마리의 돼지, 소중한 에너지원!

35가구분의 소비와 맞먹는 에너지를 생산하는 것 외에도 이 플랜트가 매우 유용한 점은 대기 중으로 메탄을 내놓지 않는다는 것이다(메탄은 이산화탄소보다 훨씬 강력한 온실가스이다). 1년 동안 이산화탄소 5,000톤에 해당하는 배출량을 줄일 수 있는데, 이는 차량 수천 대가 운행하지 않는 것과 같다. 이탈리아에도 이러한 유형의 플랜트가 다양하게 있지만 규모는 훨씬 작다(2016년에는 동물 배설물에서 총 396GWh를 생산했다). 듀크 대학교 프로젝트는 공개 자료이다. 누구나 응용된 기술에 대한 정보를 얻을 수 있으며 다른 곳에서 재현해볼 수도 있다. 전 세계에는 9억 마리의 돼지가 있고…… 이 새로운 형태의 에너지를 획득하는 길은 열려 있다.

로마에서 버리고 빈에서 덥히고

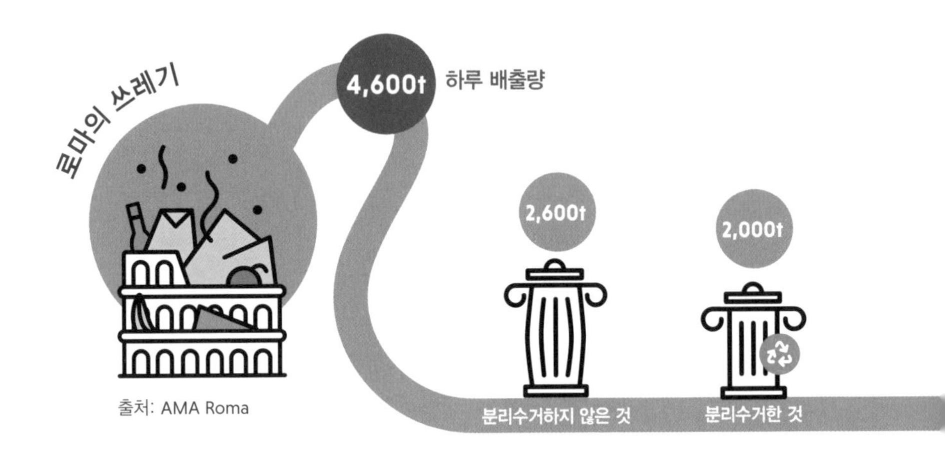

출처: AMA Roma

쓰레기로 에너지를 생산하는 것은 좋은 사업이다. 특히 쓰레기가 다른 이의 것이라면. 스웨덴, 노르웨이 및 오스트리아는 에너지를 생산하기 위해 분류되지 않은 폐기물을 완전히 자체적으로 사용하는 것은 물론, 이웃 나라의 쓰레기까지 수입하는 것으로 알려져 있다. 특히 오스트리아는 로마에서 생산된 쓰레기의 일부를 일주일에 약 1,400톤씩 제공받고 있다.

이탈리아의 수도 로마에서 매일 나오는 쓰레기 4,600톤(그중 43%에 해당하는 2,000톤은 시민들에 의해 분리된 것이다)의 수거와 처리를 담당하는 시영 회사 AMA는 그 처리를 오스트리아 츠벤텐도르프Zwentendorf사의 EVN 소각장에 맡기기로 했다. 2016년 체결된 협약에 따르면 수거된 쓰레기는 일주일에 한두 번 화물열차에 적재되어 빈에서 60km 떨어진 곳으로 운송된다. 거기서 연소되어 생산된 전기는 17만 가구의 소비량과 맞먹는다.

수천 킬로미터 떨어진 나라로 쓰레기를 보내는 것은 분명히 비경제적이며, 운송비용 외에 폐기와 관련된 문제도 있다. 이 문제를 조사한 BBC에 따르면 로마에서는 해외에서 소각할 경우 톤당 100유로 이상(「일 템포Il Tempo」 신문의 조사에 따르면 139.81유로) 드는 반면, EVN 소각장은 한 번 운송할 때마다 약 10만 유로의 이득을 본다.

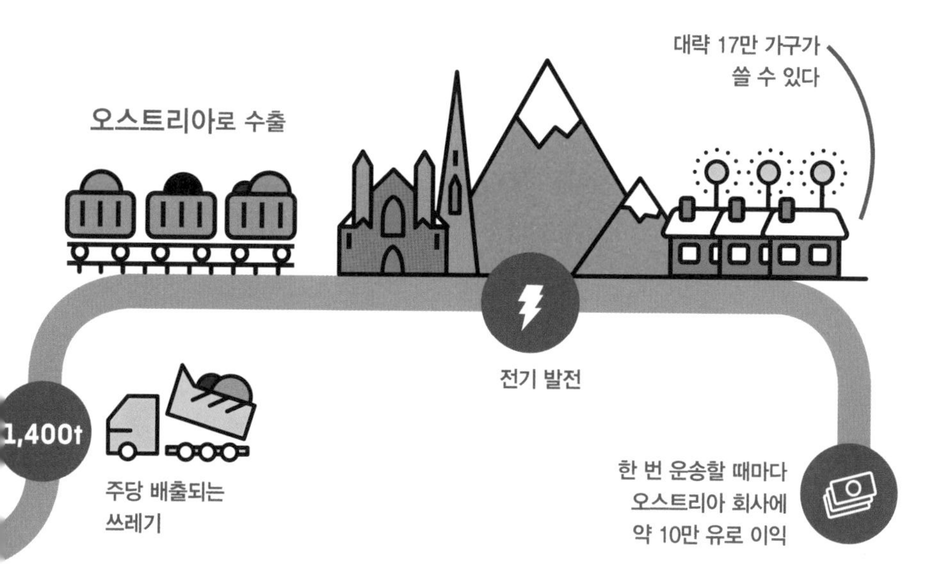

오스트리아인들은 고마워한다. 유럽에는 우리보다 (훨씬 더) 잘하는 사람들이 있다. 해당 분야에서 활동하는 모든 공공 및 민간 단체를 통합하는 스웨덴의 폐기물처리협회인 아브팔스베리예Avfall Sverige가 발표한 자료에 따르면, 스웨덴인 1인당 매년 500kg 이상 가정 폐기물을 생산하는데 그중 4%만이 매립지로 가고 나머지는 재활용되거나(약 절반) 소각해서 에너지를 생산한다. 그리고 폐기물이 충분하지 않은 경우엔 해외에서 수입한다. 그런데 우리는 왜 그것들을 이용하지 못할까?

폐기물을 직접 연소시키는 것은 극히 위험하다. 플라스틱에 대량으로 존재하는 PVC(폴리염화비닐)와 같은 고분자 유기화합물에 존재하는 염소가 다이옥신, 독성 및 발암성 물질을 생성하기 때문이다. 안전하게 연소시키기 위해서는 매우 값비싼 시스템이 필요하며, 종종 연소시설 건설은 대중적 논란과 항의를 일으키고 이로 인해 비용과 시간이 추가로 든다.

정확성을 기하기 위해, 다이옥신은 목재와 석탄을 태우는 과정에서도 생성된다는 점을 말하지 않을 수 없다. 불행히도 빈곤한 사회에서 다이옥신으로 인한 기관지 질환이 확산되는 비율이 높은 것은 우연이 아니다. 폐기물은 에너지 관점에서 보면 매우 귀중하지만 주의해서 취급해야 한다!

내 판다가 방전되었다

당신의 휴대전화를 충전하지 않아서 꺼지면 좋은 핑계가 될 수 있다. 판다가 방전된 것이다. 초현실적으로 들릴지도 모른다. 그러나 완전히 근거 없는 것은 아니다. 왜냐하면 새로운 에너지 솔루션, 즉 바이오 연료를 '더 잘 소화시키는' 방법이 판다에게서 나왔기 때문이다. 바이오 연료란 무엇인가? 그것은 식품 공장에서 얻은 저비용 연료이다.

자이언트 판다와 그의 소화 계통은 바이오 연료 생산에 솔루션을 준다.

가장 흔한 것으로는 밀에서 생산되는 에탄올이다. 그러나 밀 외에도 옥수수, 비트 뿌리, 사탕수수가 바이오 연료 생산에 사용된다. 연료 생산을 위해서는 식물의 '귀한' 부분, 즉 먹을 수 있는 부분이 사용되기 때문에 에너지 생산이 인간의 음식물과 경쟁관계에 놓인다. 왜냐하면 식물을 먹는 데 쓰거나 에너지를 생산하는 데 쓰거나 둘 중 하나만 해야 하기 때문이다.

콩깍지, 줄기 또는 버리는 다른 부분조차 탁월한 에탄올 공급원이지만, 그것을 사용하기 위해서는 그것들에 포함된 리그노셀룰로오스를 '파괴'해야 한다. 그러나 이것들은 쉽게 분해되지 않는다. 이것은 셀룰로오스당과 리그닌이 결합된 것으로, 식물이 세포벽의 구조를 유지하도록 도와주고 줄기를 빳빳하게 유지할 수 있게 해주는 일종의 비계 역할을 한다. 그러므로 식물 세계에서는 극히 중요하지만 바이오 연료 생산에는 방해가 된다.

리그노셀룰로오스에서 당(당을 발효시켜 에탄올을 생산한다)을 추출하는 것은 어렵고 비용이 많이 든다. 그런 이유로 식물에서 먹을 수 있는 부분, 즉 더 부드러워서 당을 쉽게 얻을 수 있는 부분이 선택된다. 청정하고 재생 가능한 연료를 대규모로 생산하기 위해서는 인간과 동물이 먹을 수 있는 식량의 양을 줄일 수밖에 없다. 이런 딜레마를 풀기 위해 미시시피 대학교의 연구원 애슐리 브라운Ashli Brown은 멤피스 동물원으로 가서 야야와 르르라는 한 쌍의 자이언트 판다에게서 도움을 받았다. 이들은 주로 대나무를 먹이로 삼는데, 대나무는 리그노셀룰로오스가 풍부하다.

지금은 거의 멸종 상태인 이 거대한 초식동물의 대변을 관찰한 브라운은 리그노셀룰로오스를 '소화'하여 더 단순한 당으로 변형시킬 수 있는 40종 이상의 미생물을 발견했다. 이제 이 과정은 바이오 연료 생산에 적용될 수 있다. 자이언트 판다의 짧은 창자는 박테리아가 보기 드문 효율성을 발휘하도록 한다. 이 특성은 산업적 규모로 이용할 수 있는 소화제를 찾고자 하는 이 분야의 미래 연구에 전략적인 도움이 될 것이다. 자이언트 판다가 더 일찍 멸종하지 않는다면 말이다.

인Phosphorus이 다 없어진다면

생명의 근원에는 이상하고 거의 알려지지 않은 화학 원소가 있다. 바로 인P이다. 주기율표에서 원자번호 15인 인은 1669년 독일의 상인 헤닝 브란트Henning Brand가 처음 분리했다. 그는 소변을 증류해서 인을 얻었는데, 그 명칭은 '빛을 내는 것'이라는 의미의 그리스어 phōsphóros에서 파생되었다. 이것은 산소와 접촉하면 발광하기 때문이다.

인은 생선에 풍부하며 기억력 향상에 좋다고 한다. 하지만 실제로는 생선이 다른 많은 음식보다 인을 더 많이 포함하고 있지 않으며 기억력과의 상관관계는 과학적으로 증명된 바가 한 번도 없다. 우리가 확실히 알고 있는 것은 인이 칼슘의 동화를 촉진하기 때문에 뼈와 치아에 좋다는 것이다.

어쨌든 우리가 어릴 때부터 불러온 첫 번째 원소 중 하나라는 것 외에도 인은 다른 많은 중요한 특성을 가지고 있다. 인은 DNA와 RNA, 세포벽과 세포막의 필수 구성 요소이며, 이것은 바로 생명의 뿌리가 된다. 뿌리라는 용어는 우연히 선택된 것이 아니다. 왜냐하면 이 물질을 사용하는 최초의 유기체는 바로 식물이고, 그 덕분에 이 물질이 먹이사슬에 들어오기 때문이다. 인은 산소, 탄소 및 물과 같이 식물의 생명에 필수적이다. 인이 없으면 식물은 자라지 않고 장기적으로는 살아남지 못한다.

그러므로 그것이 없어진다면, 지구상에서 식량이 생산되지 않을 것이다. 반대로 그것이 풍부하면 농업수확량이 높아질 것이다. 인은 비료의 주성분 중 하나이다. 두 세기 전까지만 해도 농민들은 토양을 비옥하게 하기 위해 분뇨나 음식물 쓰레기를 사용하는 것이 일반적이었다. 그것이 수천 년 동안 균형 있고 비옥한 토양을 유지해온 순환 과정이었다.

그러나 오늘날 농업은 변했다. 실험실에서 합성할 수 없는 인의 대부분이 인산염 형태로 채굴된다. 이것은 우리가 수백만 년 동안 형성된 지질학적 매장량을 소모하고 있으며 이를 대체할 수 없다는 말과 같다. 석유와 마찬가지로 인 역시 조만간 생산의 '정점'에 이를 것이다. 독립적인 6개 국제 연구기관의 협력체인 글로벌 인 연구계획Global Phosphorus Research Initiative의 추정에 따르면 매장량은 70년 이내 소진될 것이며 조만간 모자랄 것이다.

그러므로 이것이 문제가 되기 전에 반세기를 낭비할 이유는 없다. 지구상에 남아 있는 양질 인산염의 85%를 오직 5개 나라, 즉 모로코, 중국, 남아공, 요르단, 미국이 보유하고 있다는 점을 감안하면, 인의 희소성과 비용으로 인한 지정학적 긴장이 조성될 것은 이미 확실하다. 만약 인이 종말을 맞는다면 (지난 50년 동안 채굴은 매년 3%씩 성장해 4배 증가했다) 시나리오는 극적일 것이다.

**인이 고갈되면
지구의 비옥함은
위험에 빠진다…**

**…그러나 해결책이 있다.
그것은 바로 우리의 사적인 쓰레기,
오줌이다.**

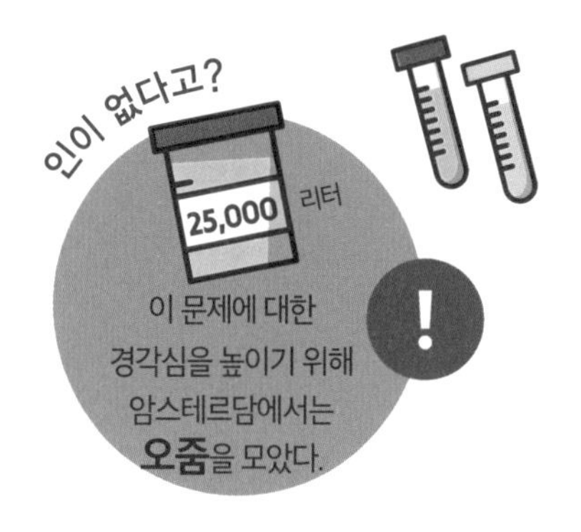

역설적이게도 이렇게 중요하고 이미 희소해진 자원이 비효율적으로 사용되며, 추출되거나 밭에서 사용되는 인 대부분이 쓰레기로 변한다. 아주 적은 부분만 식물에 흡수되고, 나머지는 강이나 호수 또는 바다로 흘러들어가, 조류에 과도하게 영양을 공급해 수중 생태계의 부영양화를 촉진하고 물고기가 살 수 없는 곳으로 만든다. 바로 이 인이 핀란드에 적은 양 매장된 것을 제외하면 전 유럽에 하나도 없다는 점을 감안해, 2013년 EU 집행위원회는 어떻게 하면 인을 더 지속 가능하게 사용할지 조언을 듣기 위한 공공 자문단을 발족했다.

그리고 보호 대책을 위한 경주가 이미 시작되었다. 인은 합성을 통해 생산할 수는 없지만 재활용할 수는 있다. 예를 들어 인간과 동물의 배설물에는 인이 풍부하다. 그리고 비록 배설물을 비료로 사용하는 것이 항상 실현 가능한 선택이 아닐 수 있지만, 하수구에서 인을 회수하기 위한 최초의 시험 공장이 이미 세계에서 생겨나고 있다. 인도의 방갈로르 농업과학대학 연구원 스리데비 고빈다라지Sridevi Govindaraj에 따르면 만약 인도 인구의 40%가 자신의 소변을 비료로 사용할 수 있다면 농민들은 매년 2,600만 달러를 절약할 수 있다.

물 관리를 책임지는 네덜란드 정부기관 바터르너Waterne는 2016년 이 주제에 대한 인식을 높이기 위한 흥미로운 기획을 시작해, 암스테르담에 특수한 화장실을 설치하고, 2만 5,000리터의 소변을 모았다. 이렇게 수집된 소변은 다시 비료로 전환되었다.

이러한 운동은 점점 더 커지고 있으며 더 이상 지역에 국한된 문제가 아니다. 예를 들어 빌 앤 멀린다 게이츠 재단은 스위스 연방 수水과학 연구소Eawag가 지역 규모로 인을 재활용하고 소규모 공동체가 필요로 하는 양을 자체생산하는 것을 돕는 연구에 300만 달러를 지원했다.

놀라움으로 가득한 기저귀

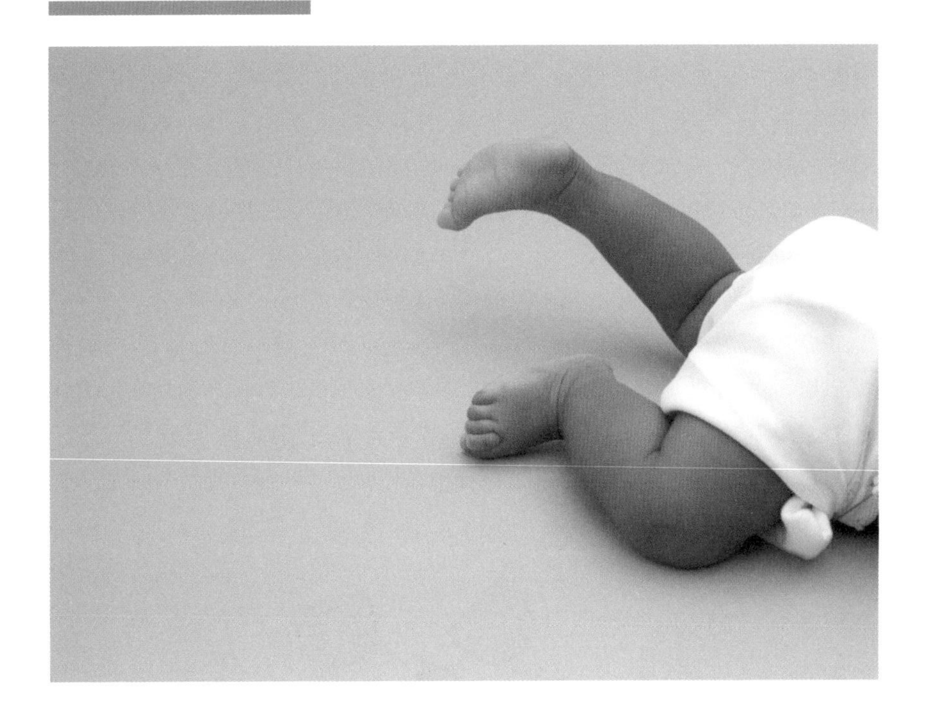

수없이 다양한 종류의 어린이, 여성 그리고 노인을 위한 위생대 중에서, 기저귀는 의심의 여지 없이 가장 많은 오염을 일으키는 일상용품 중 하나이다. 갓난아기들은 하루에 평균 9~12개를 사용하고, 조금 더 나이 든 아이들은 8개, 여성들은 생리 기간 중 3~6개를 사용한다.

유럽위원회 합동 연구센터의 마우로 코르델라Mauro Cordella와 다른 연구원들의 연구 결과를 담은 『더 깨끗한 생산Journal of Cleaner Production』지에 실린 논문에 따르면, 흡수성 제품은 시간이 지나면서 진화했다. 1987년에 아기용 기저귀는 65g이었고 이 중 81%가 흡수성 린트(리넨이나 무명 등을 부드럽게 한 천 — 옮긴이)였다. 그러나 1987~1995년에 평균 무게가 14% 줄었고, 1995~2005년에 27% 더 줄었다. 이는 플라스틱 기반의 흡수성 물질 덕분이다. 2005~2011년에 무게가 다시 12% 감소했으며 플라스틱 재료의 함량은 더욱 증가했다.

전 세계 여러 곳에서 이러한 재료를 재활용하는 문제에 대해 몇 년 동안 의문이 제기되었다. 그리고 이 주제에 대한 여러 연구 프로젝트에 자금을 지원한 EU는 드디어 몇몇 시범 플랜트를 출범시켰다. 이탈리아의 트레비소주 스프레시아노에도 있다. 여기서는 EU가 페이터 S.p.A.Fater S.p.A., 알피Alpi에 있는 코무네 디 폰테Comune di Ponte, 암비엔테 이탈리아Ambiente Italia 연구소와 협력해 공동으로 자금을 지원한 '리콜' 프로젝트의 일환으로, 모든 브랜드의 헌 생리대와 기저귀에서 소독된 플라스틱과 셀룰로오스를 추출하고 이를 다시 고품질의 2차 원료로 재사용한다.

2015년에 시험운영되기 시작했는데, 완전히 가동되면 연간 1,500톤의 폐기물을 처리할 것으로 예상된다. 이것은 15만 명의 사용자가 분리수거한 양과 같으며, 매년 1,950m³의 매립 물질과 61만 8,000kg의 이산화탄소 배출을 줄일 수 있다.

* TOE(Ton of Oil Equivalent) 석유환산톤

폐기물 없는 무한한 에너지

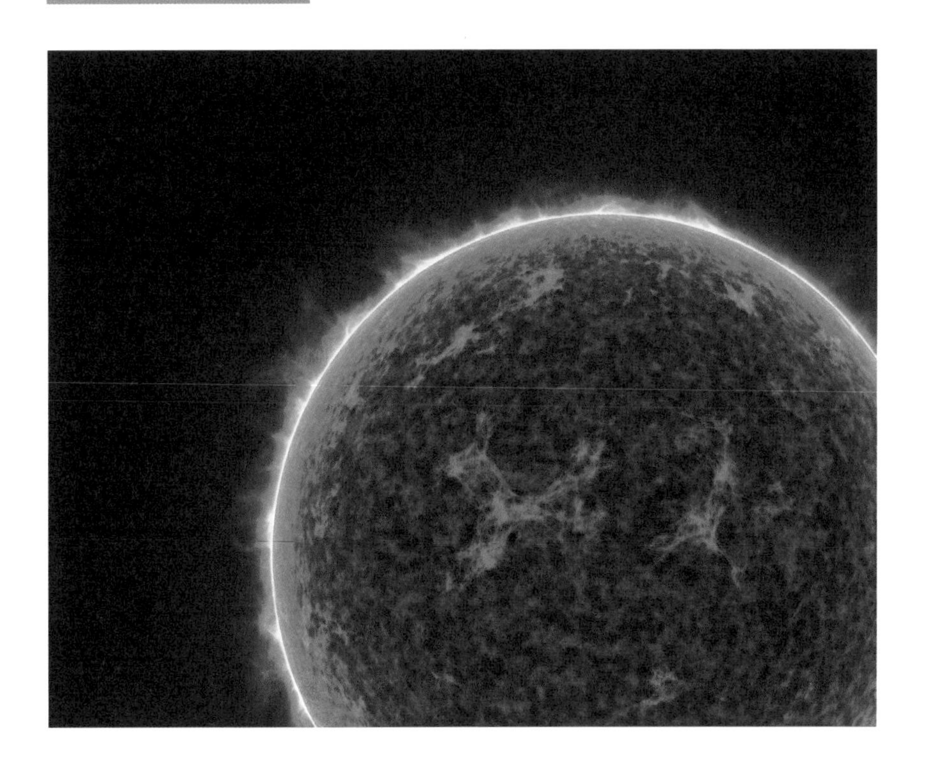

핵이라는 말에 겁먹지 말자.
핵융합은 자연에도 존재한다.

바닷물에서 우리가 필요한 에너지를 이산화탄소도 배출하지 않고 완전히 깨끗한 방법으로 뽑아낸다면 믿을 수 있겠는가? 꿈같은 이야기로 들리겠지만, 물질에는 엄청난 핵에너지가 들어 있다. 핵융합을 통해 단순하고 안전하며 깨끗한 방법으로 그 에너지를 사용할 수 있다면, 지속 가능한 발전에 관한 핵심 쟁점 중 하나가 해결될 것이다.

그렇게 된다면 미래 세대의 에너지

공급 능력을 훼손하지 않고도 현재의 에너지 수요를 충족하고 에너지 빈곤 문제를 해결할 수 있을 것이다. 증가하는 수요에 직면해, 전통적인 화석연료의 고갈 문제와 환경에 더 많은 주의를 기울일 필요성을 조화시켜야 한다. 따라서 에너지에 대한 접근을 다각화하고 다양한 에너지 옵션에서 비롯되는 요구사항을 포괄하는 에너지 바스켓 관점에서 생각하는 것은 피할 수 없는 일이 되었다.

핵에서 비롯된 에너지원(핵분열과 핵융합) 역시 에너지 바스켓의 일부이다. 둘 다 핵의 구조가 변화하면서 발생하지만, 매우 다른 방식이다. 사실 정반대라고 할 수 있다. 그리고 무엇보다 폐기물 측면에서 상당히 다른 결과를 가져온다. 핵분열에서는 우라늄 같은 무거운 원소의 핵에 중성자가 와서 부딪히면 더 가벼운 조각으로 쪼개져 나뉘고 이때 에너지를 방출한다. 그와 함께 방사성 폐기물도 만들어내는데, 이것은 아주 오랜 시간 남아 있기 때문에 심각한 문제가 된다.

핵분열에 대한 대안적인 과정은 핵융합이다. 두 개의 가벼운 원소, 전형적으로 수소나 수소 동위원소가 융합되어 더 무거운 원자를 만든다. 핵융합

핵융합에서는 두 개의 가벼운 원소(수소나 수소의 동위원소)가 융합해 더 무거운 원자를 만든다. 헬륨과 중성자를 생성하고 남은 질량이 에너지로 변환된다.

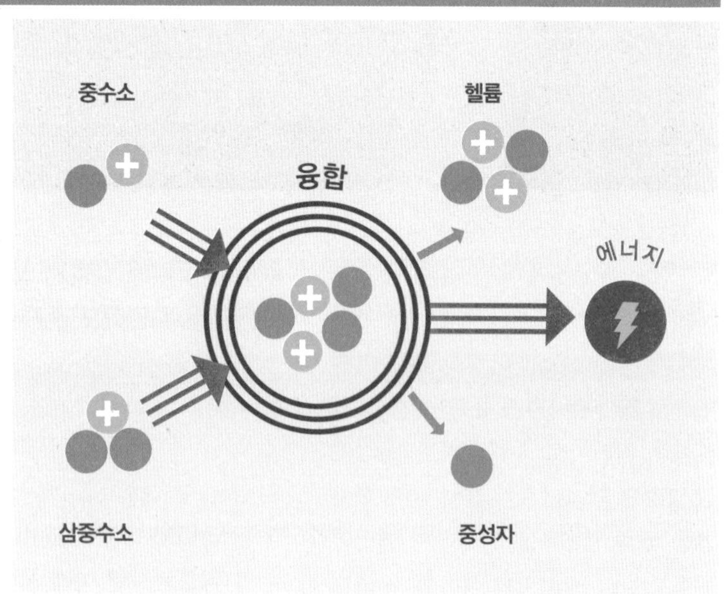

은 자연에 이미 존재한다. 그것은 태양과 별에 연료를 공급하는 과정이며, 따라서 우리 행성의 생명의 기초라고 할 수 있다.

태양은 1초에 6억 톤의 수소를 태운다. 태양의 큰 질량이 연료를 가두어두고 열핵융합이 실현되게 한다. 거기에서는 모든 것이 쉬워 보인다! 그러나 태양을 박스 안에 세팅하는 것이 얼마나 도전적인지 쉽게 상상할 수 있을 것이다. 우리가 실험실에서 만들어내고자 하는 융합 과정에서는 수소의 두 동위원소인 중수소D와 삼중수소T가 융합해 헬륨 원자와 중성자를 발생시킨다.

$${}_1D^2 + {}_1T^3 \rightarrow {}_2He^4\ (3{,}5\ MeV) + {}_0n^1\ (14{,}1\ MeV)$$

반응 생성물(헬륨과 중성자)의 총질량은 반응물(중수소와 삼중수소)의 질량의 합보다 적다. 따라서 질량의 결손이 발생한다. 줄어든 질량은 사라진 것이 아니고, 아인슈타인의 잘 알려진 공식 $E = mc^2$에 따라, 에너지로 변환된 것이다. 여기서 E는 에너지이고 m은 질량, c는 빛의 속력이다.

핵의 변환(핵융합과 핵분열)을 통해 얻을 수 있는 에너지는 정상적인 연소와 같이, 원자와 분자의 반응에서 나오는 화학적 에너지에 비해 엄청나다. 예를 들면 현재 화력발전소의 크기인 1,000MW의 핵융합 발전소는 매년 100kg의 중수소와 3톤의 리튬(이로부터 삼중수소를 반응로 안에서 얻을 수 있다)을 소비할 것이고, 이 기간 동안 약 70억kWh를 생산할 것이다. 같은 양의 전기를 전통적인 발전소에서 생산하려면 150만 톤의 석탄이 필요하다. 그렇다면 게임이 끝난 것인가? 아직 아니다. 왜냐하면 태양에서 일어나는 일을 지구의 반응로에서 재현하기란 매우 복잡하기 때문이다.

이탈리아인의 탁월함

핵융합 연구에서 이탈리아의 물리학과 공학은 탁월한 국제적 역할을 수행하고 있다. 이탈리아 내에서는 두 개의 실험(프라스카티의 FTUFrascati Tokamak Upgrade와 파도바의 RFXRicerca Formazione Innovazione[혁신교육연구])이 진행 중이고 새로운 대형 실험인 DTTDivertor Tokamak Test의 건설이 곧 시작된다.

에너지를 생산하기 위해서는 연료인 수소 동위원소가 충분히 긴 시간 동안, 충분히 높은 밀도로 함께 묶인 채, 수천만 도의 온도에 도달해야 한다.

그렇다면 찌꺼기는? 없다. 핵융합에서 나온 생성물에는 방사능이 없다. 실제로 생성물은 알파 입자(불활성 기체인 헬륨)와 중성자이며, 반응로를 싸고 있는 외피에서 흡수된다. 핵융합에서 발생하는 방사능은 삼중수소에서 오는 자연적인 것과 반응로를 싸고 있는 기계적 구조물에 중성자가 충돌하여 유도되는 것에 국한된다. 두 경우 모두 핵분열과 상황이 매우 다르다. 삼중수소 방사능의 평균 수명은 상대적으로 짧은 12.3년이다. 수천 년의 반감기를 가지는 핵분열 폐기물과는 다르다!

게다가 핵융합로는 완벽하게 안전하다. 왜냐하면 작동 방식이 통제를 벗어날 수 없기 때문이다. 사고가 발생하면 자동으로 꺼져버린다. 자연재해가 발생하더라도 반응로 밖의 방사능은 매우 낮을 것이고 주변에 사는 사람들도 대피할 필요가 없다.

핵반응로에서 생성된 방사성 원소의 평균 수명은 일반적으로 10년 미만이므로 최대 100년 이내에(핵분열의 경우처럼 지질학적 시간이 아니라) 방사능 물질을 다룰 수 있고 재활용도 가능하다.

태양에서 일어나는 일을 지구에서 재현하는 핵융합, 폐기물 없는 에너지

동위원소, 에너지, 고고학

화학 원소의 원자는 양성자와 중성자로 구성된 핵과 전자로 이루어진다. 양성자는 양전하를 띠고 전자는 음전하를 띠며 중성자는 전하를 띠지 않는다. 양성자의 수는 전자의 수와 같으며 각 화학 원소의 특성은 양성자의 수, 즉 원자번호에 따라 결정된다. 오늘날 우리는 118개의 다른 원소를 알고 있으며 원소 주기율표에 정리되어 있다.

어떤 원소는 핵의 중성자 수에 차이가 있는 변형이 있는데 이를 동위원소라고 부른다. 예를 들어 수소는 두 가지 동위원소를 가지고 있다. 중수소의 핵에는 양성자와 중성자가 1개씩 있고, 삼중수소의 핵에는 양성자 1개와 중성자 2개가 있다. 중수소와 삼중수소는 미래 핵융합로의 연료가 될 것이다.

수소, 중수소, 삼중수소

또 다른 유명한 동위원소는 탄소-14이다. 이것은 6개의 양성자(탄소라는 것을 나타내주는 '서명'. 양성자가 6개 아니라면 다른 원소다)를 가지고 있지만, 가장 많이 존재하는 탄소-12가 가진 6개의 중성자 대신, 8개의 중성자를 가지고 있다(12나 14는 질량수라고 하며 양성자 수와 중성자 수를 합한 것이다-옮긴이). 탄소-14는 방사성이며 모든 동식물 생명체에 편재한다. 사망 후 유기체는 탄소의 섭취와 대사를 멈추고 죽을 당시 존재하는 탄소-14는 평균 반감기 5,568년의 비율로 붕괴한다. 이 사실 덕분에 유기적 유물에서 이 동위원소의 양을 측정하면, 고고학의 경우와 같이 매우 정밀하게 연대를 결정할 수 있다.

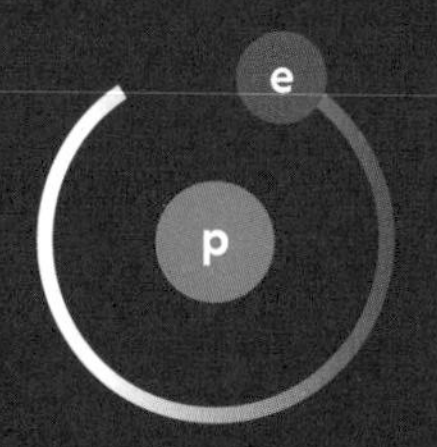

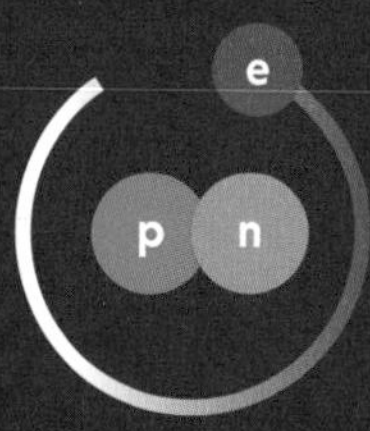

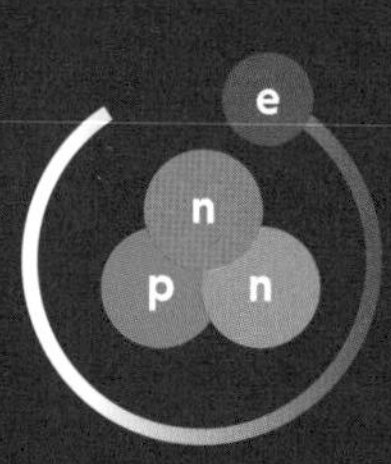

중수소와 삼중수소는 미래 핵융합로의 연료가 될 것이다.

5

그것들은 기술적이며 수요가 있다

우리가 내다 버린 오래된 전화기는 어디로 갈까? 그리고
여전히 작동하지만 더 큰 것으로 교체해버린 냉장고는?
어떤 시점에서는 더 이상 볼 수 없지만 불행히도
여전히 거기 있고 훨씬 더 음흉한 플라스틱에는
무슨 일이 벌어질까? 애벌레가 우리를 도울 수 있을까?
우주는 정말로 비어 있을까, 아니면 우리가 왔다 간
흔적이 남아 있을까? 오래된 이탈리아의 핵발전소에서
나온 핵폐기물과 병원의 핵의학센터에서 매일같이
발생하는 핵폐기물은 어떻게 처리될까?
기술은 필연적으로 폐기물을 만든다.
그러나 기술은 또한 그것을 줄이고 처리하는 데
근본적인 기여를 한다.

전자제품 폐기물의 지구 반 바퀴 여행

40톤 트럭 111만 5,000대가 지구 적도 둘레 절반 조금 넘는 23,000km에 이르는 길에 줄지어 있다고 상상해보라. 유엔 대학교 고등학술연구소UNU-IAS에서 2014년에 발표한 「국제 전자폐기물 감시The Global E-Waste Monitor 2014」 보고서에 따르면, 2014년 전 세계에서 생산된 전자제품과 전자장비 폐기물은 4,180만 톤에 이른다.

그런데 이 양은 계속 증가하고 있다. 2010년에 3,380만 톤이었으나 2018년에는 약 5,000만 톤에 이를 것으로 추산된다. 6가지 주요 유형의 폐기물을 보면 다음과 같다.

- 냉장고, 에어컨, 열펌프와 같은 냉방 및 난방 기구
- 다양한 종류의 스크린
- 전구 및 조명기구

- 대형 가전제품(세탁기 등), 복사기기(복사기, 플로터), 태양광 패널, 자동판매기
- 소형 가전제품 및 다양한 용도의 소형 전자제품
- 컴퓨터, 휴대전화, 전자계산기, 내비게이션 장치, 프린터 등의 소형 컴퓨터 장비

숫자는 인상적이지만 우리의 일상적인 경험만 생각해도, 우리가 사용하는 다양한 전자기기나 전자제품의 양과 우리가 종종 서랍에 두고 잊어버리거나 쓰레기통에 버리는 양이 지속적으로 증가한다는 것을 알 수 있을 것이다. 정말 큰 문제지만, 이것은 또한 기회이기도 하다.

사실상 보통의 전자장치에는 60여 가지에 이르는 다른 원소가 들어 있을 수 있다. 그중 어떤 것은 금, 은, 팔라듐, 구리 같은 값비싼 것이고, 또 다른 것은 납, 수은, 카드뮴, 크롬같이 오염을 일으키는 것이다. UNU-IAS 보고서가 e-폐기물(전자제품 폐기물)을 '도시 광산'으로 정의한 것은 우연이 아니다. 2014년 한 해에 쌓인 것만 480억 유로에 달하는 물질을 포함하는 것으로 추산된다.

동전의 다른 면을 보면 유감스럽게도 바로 같은 폐기물(3억 톤의 배터리와 200만 톤의 납유리를 포함한다. 후자는 엠파이어스테이트 빌딩 무게[36만 5,000톤]의 6배 이상에 해당한다)이 독성물질, 수은, 카드뮴, 크롬과 온실가스의 원천이 되는 폴리염화 바이페닐PCB 및 염화불화탄소CFC 같은 물질을 포함하고 있다. 광산을 채굴하더라도 주의해서 다루어야 한다.

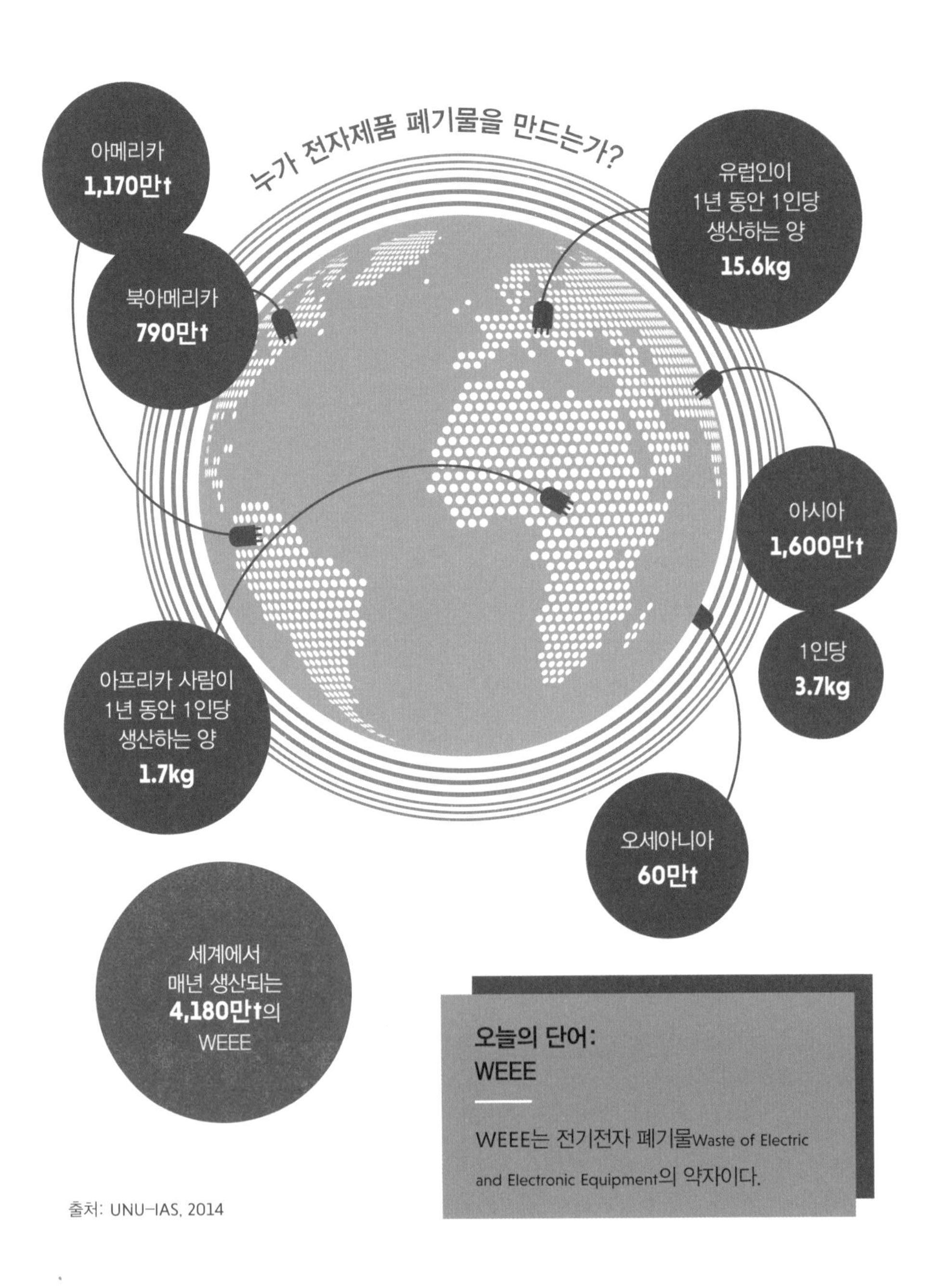

출처: UNU-IAS, 2014

오늘의 단어:
WEEE

WEEE는 전기전자 폐기물Waste of Electric and Electronic Equipment의 약자이다.

그들이 가는 곳과 가야 할 곳

UNU-IAS 보고서에 따르면 우리의 에어컨이 작동을 멈추거나, 오래된 휴대전화가 새로운 첨단 기능 탑재 모델로 인해 관심 밖으로 밀리는 순간부터, 이것들은 네 가지 가능한 경로를 따를 수 있다. 첫 번째 경로는 가장 유익하며 미래에 가장 우선시되어야 하는 것으로, 판매원이나 공공기관, 개인업자가 이것들을 수거해 현대적인 재활용 센터로 보내 거기서 귀중한 물질들을 회수하고 독성 및 오염물질은 안전하게 처리하는 것이다. 유럽연합통계국Eurostat 자료에 따르면 2014년 전기전자 폐기물 수집 비율은 국가에 따라 다른데, 지난 3년간 시장에 출시된 제품의 양과 비교해 10~80% 사이를 요동친다. 이탈리아는 약45%로 중간 정도이다.

두 번째 경로는 정상적인 쓰레기와 같이 옮겨져 소각되거나 매립되는 전형적인 경로를 따르는 것이다. 이는 불법적이고 위험한 해결책으로, 귀중한 자원을 잃을 뿐만 아니라 오염을 유발한다.

세 번째 경로는 국경을 넘는 것이다. 국경이 폐쇄되는 경향이 있는 시기에도 전자 폐기물은 종종 강력한 제약 없이 국경을 넘는다. 어떤 경우에는 다소 조직적인 방식으로 수천 킬로미터를 이동해 저개발국가의 중고 상품 시장이나 인간과 환경에 대한 안전기준을 충족하는 재생 또는 재활용 센터로 간다.

네 번째 시나리오는 가장 극적인 방법으로, 이들 폐기물을 개발도상국으로 보내 거기서 운영자와 환경 모두에 열악한 기준과 심각한 위험을 안긴 채 후속 처분되는 것이다. 바젤, 로테르담 및 스톡홀름 협약이 유해 폐기물의 수출을 규제하고 있음에도 불구하고 유엔환경계획UNEP에 제출된 보고에 따르면 이런 불법적인 일은 불행히도 널리 퍼져 있다. 이 보고서는 전자 폐기물의 불법적인 교역 및 처리 규모를 연간 125억~188억 달러로 추정하고 있다.

전자 폐기물이
항상 합법적인
처리 경로를 따르는
것은 아니다.
가끔은 그저 '사라진다'.

그러나 폐기물은 어떻게 사라질까? 폐기물은 개별 트럭에서부터 컨테이너선까지 다양한 방법으로 운송된다. 일반적으로 간접 자재에 대한 허위 수출 신고가 수반된다. 예를 들어 배터리는 '플라스틱 또는 금속 폐기물'로 기재되고, 브라운관과 모니터는 '폐품'으로 기재된다. 보고서에 따르면 아프리카와 아시아가 대규모 운송의 종착지로 선호되며, 아프리카에서는 가나와 나이지리아, 아시아에서는 중국, 파키스탄, 인도, 방글라데시, 베트남이 가장 인기 있다.

이러한 패턴 뒤에는 재정적 범죄, 환경적 범죄, 유독성 폐기물의 잘못된 처리로 인한 위험이 통제되지 않아 그것에 노출되는 사람들의 건강을 해치는 범죄 등 다양한 종류의 범죄가 숨겨져 있다.

WEEE,
오염 그리고 건강

전자 폐기물은 생태계에 심각한 오염을 일으키는 원천이 될 수 있다. 처리에 대한 규제가 제대로 되지 않거나 거의 없는 국가로 갔을 때 특히 그렇다. 공기, 물, 토양의 질이 영향을 받는다. 적절하게 규제되지 않은 조건에서는 WEEE(전기전자 폐기물)가 분해되고 파쇄되면서 분진과 미립자를 방출한다. 많은 양의 플라스틱을 포함하는 저가 제품들은 낮은 온도에서 연소되면서 독성 연기, 다이옥신 및 미세먼지를 내뿜는다.

금과 은은 고급 제품에서 추출되지만 이런 귀금속은 소형 부품에 소량으로 들어가기 때문에 추출하기란 쉬운 일이 아니다. 따라서 산酸과 다른 화학물질을 사용해야 하는데, 그러면 다시 유독 가스를 방출하고 이 과정에서 사용되는 물을 오염시키는 원인이 되기도 한다.

이 물은 수 킬로미터 흘러 멀리 떨어진 지역 공동체에 피해를 입힐 수 있다. 납, 비소 및 카드뮴과 같은 WEEE의 다른 구성 요소는 말할 것도 없고 난연제로 쓰이는 물질은 심층 대수층과 지하를 오염시키고 먹이사슬에 들어가 여기에서 일하는 작업자뿐만 아니라 그것이 재활용되는 곳에서 멀리 떨어진, 때로는 수백, 수천 킬로미터 밖에 있는 공동체에까지 피해를 입힐 수 있다.

폐가전제품에서 귀금속을 추출하는 일은 매우 위험할 수 있다.

공인된 똥

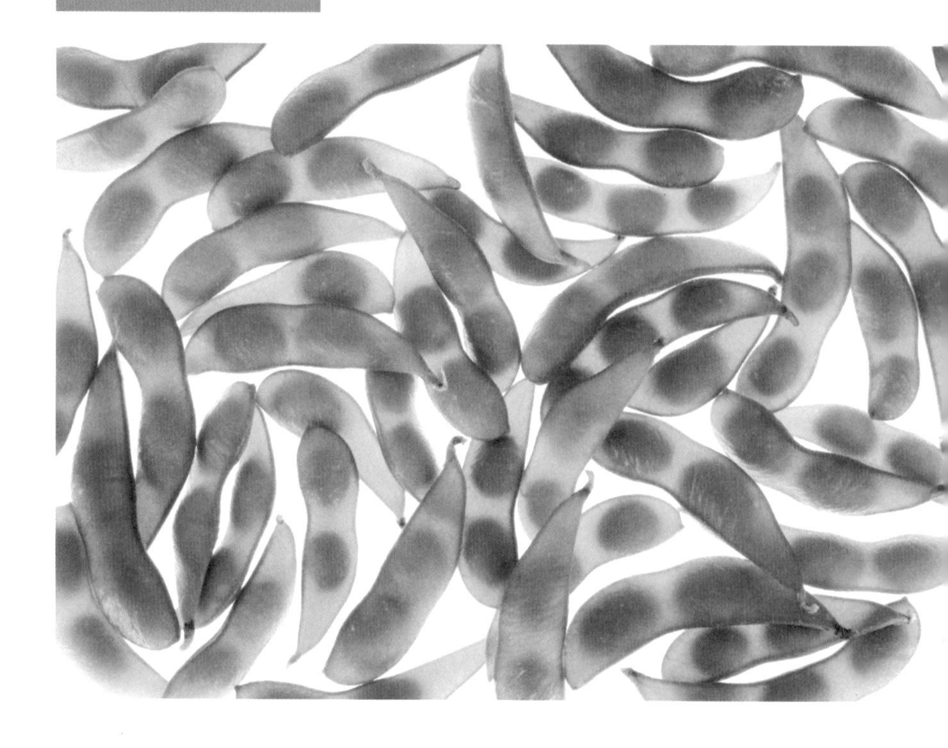

이탈리아의 파스타만큼이나 동양 음식에 절대 없어서는 안 되는 재료로 널리 알려진 된장의 여러 가지 용도 중에 단연코 놀라운 것이 하나 있다. 그것은 하이테크 가짜 똥을 만드는 데 필수적인 재료라는 사실이다.

콩은 점점 더 첨단기술화되는 화장실의 테스트에 이상적인 재료이다.

엄격한 실험 프로토콜에 따라 화장실을 테스트하기 위해, 맥시멈 퍼포먼스Maximum Performance사는 실제로 인간의 똥과 동일한 일관성과 습도를 얻기 위해 쌀이 조금 첨가된 된장을 사용해 유기물 합성 똥을 개발했다.

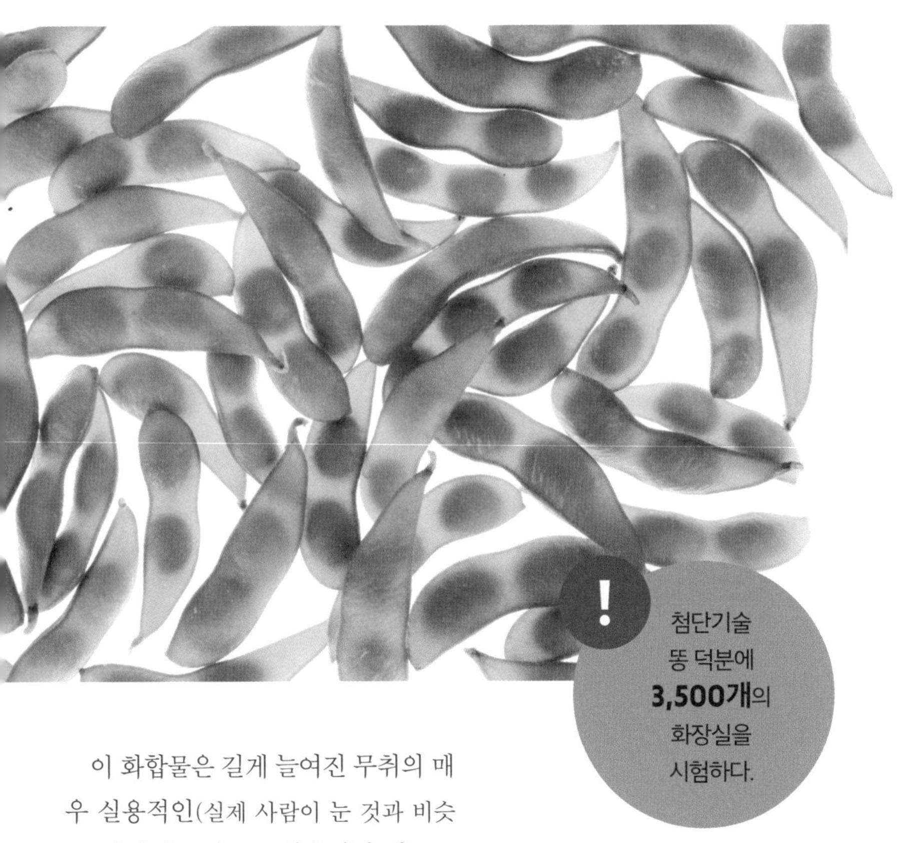

!

첨단기술
똥 덕분에
3,500개의
화장실을
시험하다.

이 화합물은 길게 늘여진 무취의 매우 실용적인(실제 사람이 눈 것과 비슷한) 가래떡 모양으로 압출되어 테스트에 사용된다.

빌 게이츠 재단에서 그 제품 중 하나를 구매한 덕분에 확실한 평판을 얻었다. 이것은 화장실 재발명 챌린지Reinvent the Toilet Challenge 콘테스트에서 연구자들이 스스로 측정해서 제안한 미래적인 화장실을 시험해보기 위해 마련되었다.

이 대회는 주로 개발도상국을 타깃으로, 저비용에 물 소비량이 극히 적고 효율적인 화장실을 고안해내기 위한 목적으로 실시되었다.

변기에 배치하는 테스트용 가래떡의 양을 늘려가며 한 번 물을 내릴 때 얼마나 많은 양을 처리할 수 있는지 평가한다. 원리는 간단하다. 만약 양이 최소 수준을 넘으면 변기가 작동한다. 맥시멈 퍼포먼스의 제품은 변기의 기술적 진화를 주의 깊게 따라갈 수 있게 해준다. 몇 년에 걸친 테스트 결과 엄청난 성공을 거두었다. 오늘날 80개의 변기 제조업체가 자발적으로 참여해 3,500개 이상의 모델이 테스트를 마쳤다. 그것은 단순히 사람들을 웃게 만드는 뉴스처럼 보이지만, 이 실험들로 인해 효율성이 대단히 향상되었고 물 소비도 크게 줄었다.

처음에 채택된 문턱 값은 250g이었다. 이는 1979년 실시된 영국 의학연구 결과에 근거한 것으로, 연구에 참여한 남성이 한 번 볼일을 볼 때 최대량의 95%가 정확히 이 무게였기 때문이다. 다른 말로 하면 변기에 앉은 100명의 남성 중 95명이 250g보다 적거나 같은 양을 누었다는 의미이다. 나중에 최소 한계를 99%에 해당하는 350g으로 올려서 시험을 더 엄격하게 만들었다. 그러나 아주 조금만 생각해보라. 이 무게의 똥 줄기는 2cm 지름에 70cm 길이라는 것을…….

맥시멈 퍼포먼스사의 실험적 접근 방식 덕분에 한 번 물을 내릴 때 배출되는 대변은 2003년에 평균 336g이었다. 그러나 2012년에는 두 배 이상 증가해 1,860군데에 이르는 위생시설의 샘플에서 기록된 평균이 799g이었다. 하지만 한 사람의 성인이 평균적으로 배출하는 양이 그대로라는 점을 생각할 때…… 이 모든 추가적인 성능은 무엇을 위한 것인지 궁금하다.

하루에 250g, 이것이 성인 남성의 평균 하루 배출량이다. 그리고 우리가 말하는 것은…

총 없이 하는 여우 사냥

소셜네트워크를 이용해 코요테와 여우를 연구한다? 위스콘신매디슨 대학교에서는 할 수 있다. 사실 그래야 한다. UW 캐니드 프로젝트UW Canid Project(갯과 동물을 연구하는 프로젝트 — 옮긴이)의 두 연구원은 먹이를 찾아 도시에 점점 더 자주 출몰하는 이 두 동물의 사회적 습성을 조사하려고 했다. 그들만으로는 모두 모니터링할 수 없었기 때문에 위스콘신주 매디슨 주민에게, 목격 사실을 신고해달라고 요청하는 페이스북 페이지를 만들기로 결정했다.

자연 상태에서 서로 적인 이 야생동물은 공간의 정확한 구분 덕분에 도시 상황에서는 공존한다. 그러나 어떻게 서로 소통하고 영역을 명확하게 표시할 수 있을까? 그리고 주택과 아파트

건물을 배회하는 동안 무엇을 먹을까? 프로젝트 첫 번째 단계에서 참여자의 수가 엄청나고 매우 유용했음이 입증되었다.

두 연구자는 여기서 한 걸음 더 나아가 참여자들에게 이상한 활동을 요청하기로 결정했다. 그것은 똥을 수집하는 것이었다.

몇 가지 간단한 정보를 통해 관심 있는 사람들은 다른 동물의 배설물을 구분할 수 있었고, 그것들을 수집하고 최적의 방법으로 보존하는 방법을 배웠다. 이 경우에도 매디슨 시민들은 협조적이었으며, 수집된 수많은 샘플은 연구자들에게 동물의 먹이와 건강에 관한 정보를 제공했다. 연구는 성공적인 것으로 드러났고, 여전히 계속되고 있다.

연구자들에 따르면 이러한 프로젝트를 수행하는 것은 제한된 시간과 자금으로 인해 대중의 협력 없이는 불가능했을 것이다. 이른바 '시민 과학citizen science'은 연령과 성별 상관없이 모두 비전문적인 연구자가 대부분 인터넷을 통해 수행하는 연구 방식으로, 전문가들이 조직하고 감독하는 연구 활동의 일부로서 실행된다는 장점이 있다. 조금이나마 과학자 같은 느낌을 가지고 연구에 실질적인 도움을 줄 수 있는 방법인 것이다.

시민 과학자들은 동식물종의 목록 작성부터 폐기물 모니터링까지, 지진 신호부터 다양한 기상 현상의 신호에 이르기까지 다양한 활동을 담당하고 있다.

독립적으로 수행하면서 과학적 연구를 돕는 다른 전형적인 활동으로는 별 목록 작성, 수동 조사(참여자가 자신의 휴대전화나 지붕 또는 외부 공간을 제공해 센서를 이용한 자동적인 조사를 수행하는 것), 그리드 컴퓨팅 등이 있다. 그리드 컴퓨팅은 프로젝트 참여자들이 소유한 컴퓨터의 연산 능력 일부를 활용해 대용량 데이터를 처리하는 광범위한 컴퓨터 네트워크로 구성된다.

당신이 쓰레기나 나비 또는 은하계 그 어디에 관심이 있건 시민 과학은 여러분을 기다리고 있다. 이탈리아에도 많이 있다. 환경단체 레감비엔테Legambiente에서부터 골레타 베르데Goletta Verde(녹색 범선), 여러 연구기관과 대학 중에서 고를 수 있다. 믿고 한 번 시도해보라.

현대의 보이스카우트는
시민 과학자라 불리며
매우 중요한 주제를 다룬다.

표준 올림픽

20

20년 도쿄 올림픽*에 대비해 일본은 대규모로 몰려올 외국 관광객이 마주칠 문제를 손보기로 결정했다. 바로 화장실 문제이다. 일본에서 워시렛(wash + toilet)이라는 이름으로 널리 알려져 있는 이 최첨단의 기술은, 그것을 사용하는 사람에게 다양한 여러 가지 옵션들을 제공한다. 예를 들면 좌변기를 데우고, 계기판을 청결하게 하고, 다양한 방향으로 냉온수를 쏴주고, 바람으로 은밀한 부위를 말려주고, 다양한 음악이나 자연을 흉내 낸 소리를 내는 사운드 시스템을 이용해 불쾌한 소리를 가리고, 더 세련된 모델에서는 야간 응급상황에서 LED로 컵을 빛내는 것이다.

세계에서 기술이 가장 많이 들어간 일본 화장실 사용법을 배우기 위한 범용 알파벳

놓칠 수 없는 옵션들이지만 조명, 센서, 키, 아이콘. 일본어로 된 단어들 사이를 헤쳐나가는 것은 쉽지 않으며, 처음 몇 번은 심지어 변기 뚜껑을 올리는 일조차 곤란할 수 있다. 우리는 손으로 직접 하지만, 일본제 워시렛에서는 사용 후 알아서 닫히는 자동화 시스템이 갖춰져 있다. 현재까지 이들 공상과학소설 같은 변기에는 제조사들이 제각각 결정한 서로 다른 조정 장치와 키가 달려 있다.

그러나 올림픽 경기에 대비해 위생제조업협회는 기본 명령을 표준화해 모든 모델에 동일하게 쓸 기호를 8개 선택했고, 이것이 절대적으로 직관적이라고 홍보하고 있다(옆 이미지를 보고 이것들이 무엇을 뜻하는지 판단해보라). 확인해본다고 해도 실험해보고 싶은 관광객들에게서 아무것도 빼앗아가지 않을 것이다. 그들을 위해서는 시험해볼 다른 단추가 얼마든지 남아 있을 것이다.

* 감염병(COVID-19)으로 인해 2021년에 개최되었다.

우주 쓰레기

"달님, 하늘에서 뭘 하시나요? 말해주세요, 뭘 하시나요, 고요한 달님Che fai tu, luna, in ciel? Dimmi, che fai, silenziosa luna?" 〈아시아에서 온 방랑 목자의 밤 노래Canto notturno di un pastore errante dell'Asia〉에서 자코모 레오파르디Giacomo Leopardi가 물었다. 누군들 적어도 한 번쯤 달, 하늘, 별들의 아름다움에, 그 매혹에, 무한하고 빈 공간에 잠겨 있는 너무도 멀리 떨어진 대상들 앞에서 한없이 작다는 느낌에 사로잡히지 않았던 적이 있을까?

사실 빈 우주에 관해서는, 1957년 10월 4일까지 지구 주변이 더 비어 있었다는 것을 알아야 한다. 이날은 지름 58cm인 세탁기 정도 크기의 구가 한 시대를 연 역사적인 날이다. 그날 최초의 인공위성 스푸트니크 1호(러시아어로 스푸트니크는 '위성'을 의미한다)가 우주로 발사되었다. 구소련이 그것을 궤도로 쏘아 올림으로써 우주 정복을 위한 경주가 시작되었다. 위키피디아 자료에 따르면 그 후로 약 6,600대의 인공위성이 발사되었으며 그중 절반 이상이 여전히 지구 궤도를 돌고 있다.

쓰레기가 그것들과 무슨 관계가 있을까? 문제는 인공위성의 충돌과 폭발, 궤도에 버려진 다단 로켓, 엔진 배기가스 및 연료 잔류물이다. 이 모든 우주여행이 꽤 많은 궤도상의 쓰레기를 발생시켰기 때문이다. 이 문제를 다루는 미항공우주국NASA의 궤도 잔해 프로그램Orbital Debris Program 사무실에 따르면 지구 주위에는 인간이 생산한 엄청난 수의 파편이 다양한 크기로 존재한다. 10cm 넘는 크기의 파편이 2만 1,000개 이상, 1~10cm의 파편은 약 50만 개, 1cm보다 작은 파편은 1억 개가 넘는다.

이 파편들이 우주선과 충동하거나 지구로 떨어지는 경우 모두 위험할 수 있다. 이러한 이유로 그것들을 지속적으로 관찰하고 있다. 3mm보다 큰 경우 지상 레이더로도 감지할 수 있다. 궤도 반지름이 2,000km 이하인 파편들은 매우 빠르게 움직이므로(초당 7~8km), 그중 가장 작은 것과 충돌하더라고 매우 위험할 수 있다.

충격으로부터 보호하기 위해 국제 우주정거장은 직경 1cm까지의 물체에 대한 충격을 견딜 수 있는 스크린을 가지고 있다. 또한 복잡한 감시 시스템이 물체가 충돌 코스에 있는지 탐지하고 충돌 확률이 1만 분의 1보다 큰 경우 우주정거장에 코스를 변경하도록 명령할 수 있기 때문에 큰 파편에 충돌할 확률은 낮다.

지구에 있는 우리에게 닥칠 위험은 상대적으로 높지 않다. 600km 고도의 궤도를 도는 파편은 일반적으로 몇 년 뒤 떨어진다. 800km 높이의 파편은 수십 년이 걸린다. 1,000km 이상의 것은 되돌아오는 시간이 한 세기 이상 걸린다. 파편은 대부분 대기와의 충돌에서 살아남지 못하고 지면에 도달하기 전에 연소된다. 다른 것들도 여전히 바다나 사막에 떨어질 확률이 높다. 지금까지 우주 파편의 비산으로 인해 사람이나 사물에 심각한 피해를 입힌 결과는 보고된 적이 없다.

화성을 향하여

1997년 7월 4일 미국의 우주 탐사선 패스파인더Pathfinder는 화성에 착륙했다. 최초로 자가 운행차량 소저너 로버Sojourner rover를 수송했다. 소저너는 83일 동안 많은 붉은 행성의 사진을 지구로 전송해 화성 표면에 대한 자세한 분석이 가능하게 했다. 이 임무는 1950년대에 시작된 야심 찬 화성 탐사 프로젝트의 일환이었으며 엄청난 과학적, 정서적 영향을 미쳤다.

1952년 화성 우주 비행에 대해 처음으로 이야기한 사람은 나치 독일에서 사용된 공포의 V2 로켓을 설계하고 제2차 세계대전 이후 NASA의 마셜 우주비행센터 책임자이자 새턴 V(아폴로 우주선을 달에 보낸 로켓) 수석설계자로 일하던 독일인 기술자 베른헤르 폰 브라운Wernher von Braun이었다.

2016년 NASA는 '우주 똥 도전'이라는 대회를 발족했다.

많은 국가가 이 목표를 달성하기 위한 프로젝트를 가지고 있다. 예를 들어 전 미국 대통령 버락 오바마는 2010년 연설에서, 2030년대 중반이면 화성 궤도를 도는 인간을 그려볼 수 있을 거라고 말했다. 중국 역시 이것을 이루기 위해 노력하고 있다.

당연히 해결해야 할 어려움은 한두 가지가 아니다. 기술, 보급, 심리, 건강, 재정 등 화성 정복은 진정한 도전이며 그 결과는 여전히 예측할 수 없다. 우주에서 인간의 임무와 관련된 많은 문제 중 인간의 쓰레기가 가장 중요한 것은 아니겠지만, 그것은 간과할 수 없는 문제이므로 최고 수준에서 연구하고 있다. 예를 들어 2016년 NASA는 우주비행복에 구현되어, 발사하고 귀환할 때까지 우주비행사가 완전히 장비를 갖춘 상태(작업복, 헬멧, 장갑 등)에서 144시간까지 지속적으로 사용 가능한 다양한 유형의 인간 배설물을 처리하는 가장 나은 시스템에 대해 3만 달러를 내걸고 '우주 똥 도전Space Poop Challenge'이라는 대회를 개최했다. 130개국에서 150개 그룹이 참여했으며, 21팀이 본선에 진출해 3팀이 수상했다.

그리고 언제나처럼 NASA는 실험실과 국제우주정거장에서 탁한 물, 특히 땀과 소변을 마실 수 있는 물로 바꾸기 위해 디자인된 전방 삼투 주머니Forward Osmosis Bag를 테스트했다. 의심의 여지없이 우주선에서뿐만 아니라 지상에서의 적용에도 유용할 것이다. NASA에서 사용한 프로토타입을 제작한 회사는, 2010년 칠레와 아이티의 지진과 뒤이은 허리케인 카트리나가 발생했을 때 사용된 휴대용 정수기를 만드는 데 동일한 기술을 사용했다. 이것은 물을 몇 시간 안에 효과적으로 정화할 수 있어 응급상황에서 사용하기에 적합하다. 이 필터를 가득 실은 한 대의 헬리콥터는 물병을 가득 실은 14대의 헬리콥터와 같은 일을 할 수 있다. 이 장치는 케냐의 무딤비아 마을의 수질정화 프로젝트에서도 성공적으로 사용되었다.

마지막으로 NASA가 사우스캐롤라이나의 클렘슨 대학교에 위임한 연구 프로젝트인 '장기 우주여행을 위한 폐쇄 순환'을 통해 화성으로의 여행과 같은 장기적인 우주여행을 살펴보자. 이 연구의 목적은 인간의 배설물을 재활용해 우주여행 중에 사용할 합성 식품을 생산하는 것이다. 2015년 8월 우주정거장 우주비행사들은 우주에서 자란 첫 상추를 시식하고 맛있다는 것을 확인했다. 아마도 동료 우주비행사들은 몇 년 안에 프로젝트의 결과를 검증할 수 있을 것이다. 심리적 장벽은 다소 높겠지만 과학적 전문성을 동원하면 성공은 확실하다!

폐기물을 위한 장소

이탈리아에서는 매일 방사성 폐기물이 발생한다. 이들은 감광판과 시약 등 방사성 소모품이며 방사선 면역학 및 방사선 요법 같은 이른바 핵의학에서 사용된 것이다. 그리고 포장 식품의 살균(박테리아 증식을 차단하기 위한 조사照射)과 기타 다양한 산업 자재에 사용되면서 방사능을 띠는 물질들이 있다.

이들 폐기물은 1987년 국민투표로 수명이 다한 핵발전소를 해체해 안전하게 만드는 소위 '폐로廢爐, decommissioning'에 의해 생성된 폐기물과 함께 계속 쌓인다. 방사능을 내뿜는 폐기물들은 환경과 인체에 유해한 영향을 미친다. 이 방사능은 방사성 붕괴로 인한 것으로, 그 기간은 몇 초에서 수십만 년까지 다양하다. 방사성 폐기물에는 다양한 부류가 있어, 방사성 핵종의 농도와 방사능이 붕괴하는 시간에 따라 다양한 처리 방법으로 대응한다.

이탈리아에서는 위험도에 따라 세 가지 범주(저, 중, 고활성)로 분류해왔는데, 2015년 8월 7일 장관령에 따라 가장 최근의 유엔국제원자력기구IAEA 기준에 맞춘 새로운 분류가 도입되었다. 오늘날 방사성 폐기물은 매우 짧은 평균 수명을 가진 것, 매우 낮은 활성도를 가진 것, 저준위 물질, 중간준위 물질, 고준위 물질과 같이 다섯 가지 유형으로 분류된다. 연구나 의학 분야에서 생산된 매우 짧은 평균 수명과 매우 낮은 활성도를 가진 것들은 방사능이 소진되었거나 몇 달 또는 몇 년 정도 안에 지구의 자연 배경 방사능 수준으로 돌아가기 때문에 이렇게 정의된 것이다.

중간준위 활성도를 가진 물질은 일반적으로 여전히 해체 과정에 있는 발전소나 핵발전소에서 나오는데, 보통

처리 폐기물, 고철, 슬러지, 폐수지를 포함한다. 이것들은 수 세기 이내에 방사능을 잃는다.

반면 핵발전소가 작동할 때 연료로 사용하는 것들은 고준위 활성도와 오랜 수명을 가지며 방사능이 사라지는 데 수십만 년까지 걸린다.

위험을 줄이기 위해, 방사성 폐기물을 저장하고 다루는 데 주의가 필요하다. 현재 이탈리아 법에 따르면, 문제 해결책으로 그것을 처리하기 위한 국립 핵폐기물 저장소 건설을 요구한다. 그 일은, 적어도 이탈리아에서는 실행보다 말이 더 쉬워 보인다. IAEA가 정한 기준과 (이탈리아와 EU의 입법에 의한) 법령의 요구에 기초해 매우 세부적인 사항까지 이미 설계되었다. 하지만 여전히 위태위태하다.

이탈리아에서 유일한 핵폐기물 저장소(핵발전 사이클을 확실하게 폐쇄하는 데 필수적인 기반시설 — 옮긴이) 설계, 입지 선정, 건설 및 관리 위임 등을 맡고 있는 소긴Sogin(이탈리아 정부가 이탈리아 핵발전소 해체를 담당하는 업무를 위해 세운 회사)의 추정에 따르면, 가장 긴급한 일은 그 지역을 녹색 잔디로 뒤덮인, 즉 방사능의 영향이 없는 상태로 복원하는 것이다.

이탈리아 국립 핵폐기물 저장소는 방사능 수준을 기준으로 계층적 저장을 제공한다.

전체적으로 국립 핵폐기물 저장소는 해체 과정에서 나온 방사성 폐기물의 60%와 핵의학, 산업 및 연구 활동에 의해 생산된 폐기물의 40%를 보관할 것이다. 여기에는 총 9만m^3의 폐기물이 포함된다. 그중 7만 5,000m^3의 저준위 및 중간준위 폐기물은 저장소에 영구히 보관되고, 1만 5,000m^3의 고준위 폐기물은 지하 깊숙한 저장소에 보관하기 위해 임시로 저장될 것이다. 그리고 1,000m^3의 재처리할 수 없는 연료와 연료 재처리 과정(폐기물에서 재사용 가능한 물질의 분리 과정)에서 나온 잔류물은 프랑스와 영국으로 보내져 특수한 고저항 및 고차폐 금속 용기 안에 보관될 것이다.

현재 계획 중인 국립 핵폐기물 저장소는 사실 지면에 위치하며 150ha의 부지에 건설될 것이다. 이 중 40ha는 기술 단지 전용이다. 저준위, 중간준위 폐기물의 안전한 처분은 주로 중국 상자Chinese box(마트로슈카 인형처럼 상자

안에 또 다른 상자가 들어 있는 것 — 옮긴이)처럼 구성된 시스템이다. 저준위, 중간준위 방사능 폐기물은 먼저 시멘트를 바른 다음 배럴이나 큰 술통처럼 생긴 특수 금속 용기 안에 넣는다. 이 용기와 그 안의 시멘트를 입힌 폐기물을 함께 인공물이라고 한다. 이 인공물을 최소 300년은 견딜 수 있게 설계된 특수 콘크리트 모듈 내부에 넣고 다시 시멘트를 바른다. 이 모듈 역시 최소 300년 동안 견딜 수 있도록 설계된 강화 콘크리트 셀(이른바 제3의 장벽)에 넣은 뒤 모든 것을 여러 겹의 물질로 밀봉하고 덮을 것이다. 이들은 일종의 인공적인 둔덕을 형성하고 어떠한 물도 스며들 수 없도록 구조적 방수를 보장한다.

고준위 폐기물은 특별히 차폐성이 높은 용기에 일시적으로 보관되었다가 이어 심深지층 저장소로 옮겨질 것을 고려해 국립 핵폐기물 저장소 내에 있는 고준위 폐기물 저장 단지에 배치된다. 국립 핵폐기물 저장소는 IAEA가 제정한 원칙에 기초해 이탈리아에서 생산된 방사능 폐기물을 독점적으로 수용하려 한다. 이는 각국에서 생산한 폐기물을 자체적으로 처리하도록 한 2014년의 법령 제45호에 따른 것이다.

국립 핵폐기물 저장소는 **9만m³**의 방사능 폐기물을 수용할 것이다.

비록 계획된 총비용이 15억 유로로 다소 높고, 이탈리아 전기요금 구성 요소 A2(현재 이미 발전소의 해체 비용을 대고 있다)에서 재원을 충당하겠지만, 몇 년 안에 실행하지 않으면 훨씬 비싸질 것이다. 사실 폐기물들은 현재 다양한 임시 저장소에 보관되고 있으며 각각의 운영과 유지에 많은 비용(연간 최대 100만 유로)이 들어가고 있다.

또한 이탈리아가 프랑스와 영국에 보낸 폐기물을 2025년까지 되가져올 수 없다면 매우 높은 벌금이 부과될 것이라는 점은 말할 것도 없다. 소긴의 추산에 따르면 국립 핵폐기물 저장소 건설이 10년 지연된다면 최대 10억 유로의 비용이 소요될 것이다.

바다 청소하기

바다는 플라스틱으로 가득하다. 얼마나 많은 양이 있는지 아무도 정확하게 알지는 못하고 그것에 관한 과학적 데이터도 들쭉날쭉하지만 말이다. 2014년 저널 『플로스 원Plos One』에 발표된 연구에서는 물속에 최소한 5조 2,800억 개의 조각이 있고 그 무게는 약 26만 8,940톤이라고 추산했다. 1975년 미국 국립과학아카데미 연구에 따르면 매년 전 세계 플라스틱 생산량의 약 0.1%가 바다로 흘러들어갔다. 2015년 『사이언스』지에 발표된 새로운 연구의 추정에 따르면 매년 400만~1,200만 톤, 또는 전 세계 생산량의 1.5~4.5%가 바다에 도달하며, 향후 10년 동안 그 양이 두 배에 이를 것이라고 예측했다.

추정에 따르면 현재 기술로 해양을 정화하려면 수만 년이 걸릴 것이다. 터무니없는 시간뿐만 아니라 비용도 어마어마하게 소요되는 일이다. 그렇다면 우리에게 탈출구가 없는 것일까? 해결책을 제안하고 그것을 전 세계가 따르게 하는 데는 십 대의 열정과 편견 없는 마음이 필요했다. 네덜란드 출신 보이안 슬라트Boyan Slat는 열일곱 살 때 해류 시스템을 이용해 떠 있는 플라스틱 장벽을 건설함으로써 바다를 청소한다는 아이디어를 생각했다. 2013년에 그는 오션 클린업The Ocean Cleanup이라는 회사를 설립하고 그의 프로젝트를 온라인상의 크라우드펀딩 플랫폼에 올려 네트워크 유저들로부터 실행에 필요한 자금을 모았다.

오션 클린업은 아마도 지구상에서 지금까지 만들어진 가장 야심적인 환경 프로젝트일 것이다. 슬라트는 몇 달 만에 온라인상에서 150만 유로 넘는 자금을 모았고, 그것을 가지고 일련의 테스트를 위해 북해 바다에 띄울 프로토타입을 만들기 시작했다. 기본 아이디어는 작동만큼이나 간단하다. 해류가 쓰레기를 옮기고 특정 장소에 축적하는가? 그렇다면 해류는 플라스틱을 모으는 것도 도울 수 있다. 부유 장벽 시스템을 이용하면 특정 장소에 플라스틱을 집중시킬 수 있고, 이렇게 되면 이후 수거하기가 용이하다.

간단히 말해 오션 클린업은 확장과 축소가 가능한 모듈식 장벽 세트이다. 커다란 U자 모양의 고무 벽은 모듈을 추가하거나 제거함으로써 마음대로 크기를 조절할 수 있다. 이것은 1cm보다 크거나 같은 크기의 떠다니는 플라스틱을 해양의 특정 장소에 집중시킬 것이다. 자신의 계획을 지원하기 위한 연구 목적으로 보이안 슬라트가 설립한 재단에서 개발된 컴퓨터 모델에 따르면, 태평양의 거대한 쓰레기 더미를 절반 이상 청소하는 데 불과 5년이 걸린다. 시작 날짜는 이미 2018년으로 정해졌으며, 2023년에 그것이 성공했는지 확인하기로 예정되어 있다.

17세의 생각이 우리 바다의 운명을 바꿀 수 있다.

플라스틱을 먹는 애벌레

나비가 지구상에서 가장 흔한 쓰레기로부터 우리를 해방시켜줄 수 있을까? 정확히 말하자면, 나비의 유충이다. 작은 녹색 애벌레로, 해롭지 않아 보이지만 플라스틱을 깨뜨릴 정도로 강력한 턱을 가지고 있다. 과학 잡지 『현대 생물학Current Biology』에 이 뉴스가 실렸다. 칸타브리아Cantabria 생의학연구소의 이탈리아인 연구원 페데리카 베르토키

이데오넬라 박테리아는 하루에 cm^2당 **0.13mg**의 PET를 파괴할 수 있다.

니Federica Bertocchini가 수행한 이 연구는 폴리에틸렌을 먹고 소화하는 애벌레의 능력에 관한 것이다.

그것은 흔히 꿀나방 또는 봉랍나방으로 알려져 있는 갈레리아 멜로넬라 *Galleria mellonella*의 유충으로, 낚시의 미끼로도 사용된다. 폴리에틸렌은 지구상에서 가장 널리 사용되는 플라스틱 소재로, 전 세계 생산량의 40%를 차지한다. 그것은 존재하는 물질 중 가장 다재다능하지만 가장 처리하기 힘든 것 중 하나이기도 하다.

갈레리아 멜로넬라는 자연 상태에서 벌집 내부에 알을 낳는데, 유충은 밀랍을 먹고 자란다. 아마도 이러한 먹이 습성 때문에 밀랍과 같은 타입인 폴리에틸렌의 화학결합을 끊을 수 있는 능력이 발달했을 것이다. 통상적으로 유충은 플라스틱을 먹지 않지만 필요한 경우에는 그렇게 할 수 있다.

열렬한 양봉가인 베르토키니는 1년에 한 번 벌집을 청소하면서 나비가 거기에 낳아놓은 유충을 잡아 없애버리기 위해 봉지에 가둬두었는데, 애벌레들이 탈출하기 위해 플라스틱을 갉아 먹는 것을 발견했다. 비범한 능력이 드러난 것이다.

이미 최근 몇 년 동안 플라스틱 물질을 소화할 수 있는 능력을 가진 유기체가 분리되었다. 2016년에 교토공과대학 과학자들이 두 가지 효소를 통해 폴리에틸렌 테레프탈레이트PET를 먹을 수 있는 박테리아 이데오넬라 사카이엔시스 *Ideonella sakaiensis* 201-F6을 분리해냈다.

특히 딱딱한 고분자 폴리에틸렌의 생분해는 매우 먼 가능성으로 여겨졌다. 또한 구할 수 있는 알려진 미생물은 화랑곡나방 *Plodia interpunctella* 유충의 소화계에 존재하는 곰팡이와 장내 세균인데, 그 과정이 느리고 비효율적이다. 갈레리아 멜로넬라는 효율성 측면에서 다른 것들을 제치고 가장 선두에 있으며, 이데오넬라 박테리아가 하루

**갈레리아 멜로넬라는
꿀과 밀랍만 먹는 것이 아니라
플라스틱의 팬이기도 하다.
이는 우리에게 행운이지 않은가?**

에 cm^2당 0.13mg의 PET를 파괴할 때, 유충은 매시간 그 두 배를 소화한다.

따라서 이 발견에 대한 관심은 주로 두 가지 요인에서 비롯된다. 즉 폴리에틸렌 분해가 빠르다는 점과 멜로넬라 유충이 플라스틱을 뚫고 씹을 뿐만 아니라 폴리에틸렌을 소화시켜 에틸렌글리콜(부동액에 광범위하게 쓰이는 유기화합물)로 변환시킨다는 점이다. 지금 상황에서 희망은 나비 유충의 기관이 폴리에틸렌을 소화시키는 것인지 또는 화랑곡나방의 경우처럼 그 안에 들어 있는 효소 때문인지 조만간 발견하는 것이다.

이러한 방식으로 매립지의 생물학적 정화를 위한 화합물을 합성할 수 있다. 그 화합물은 쓰레기에 포함된 폴리에틸렌과 인간에게 독성을 가진 것으로 짐작되는 에틸렌글리콜을 현장에 남기지 않고 분해할 수 있다. 다만 수만, 수백만의 진짜 갈레리아 멜로넬라 유충을 쓰는 것은 생각할 수 없다. 꿀벌의 주요 천적 중 하나인 이것은 이미 심각하게 위협받고 있기 때문이다.

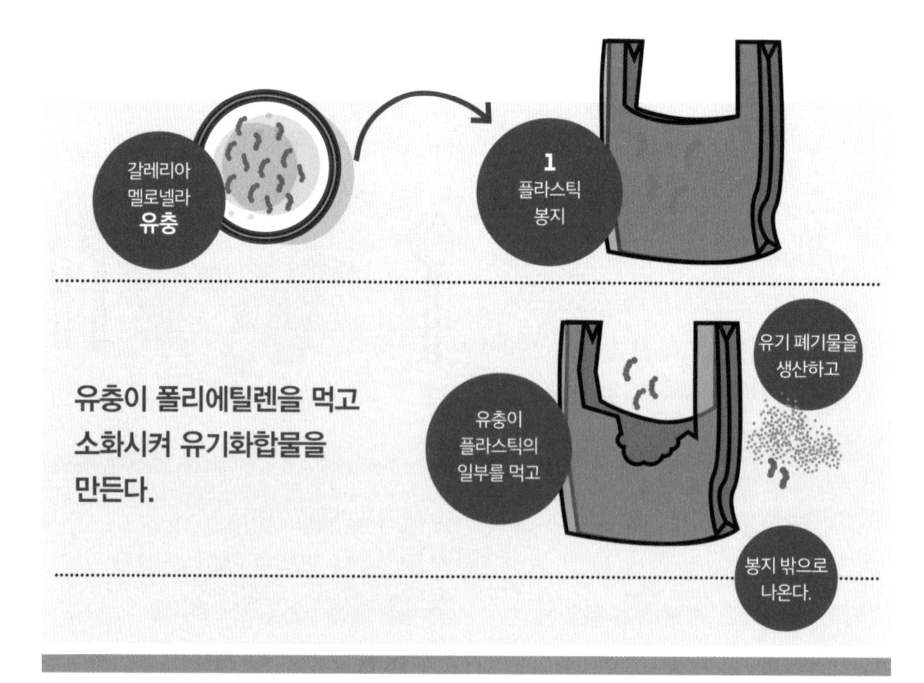

방전 전하

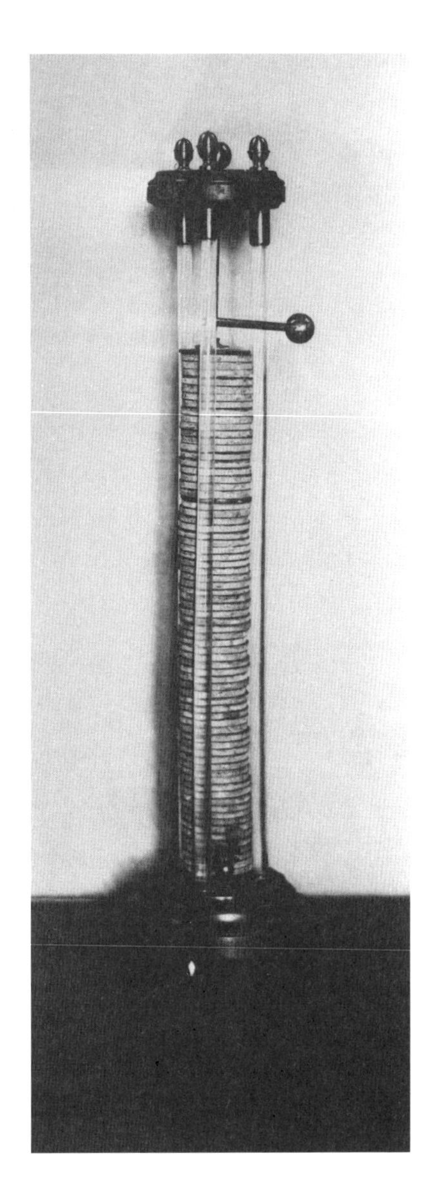

조금 나이가 든 사람들은 1만 리라 지폐를 기억할 것이다. 유로화 시대나 그보다 조금 일찍 태어난 사람들은 인터넷으로 볼 수 있다. 푸른 회색에, 1745년에 태어나 아주 유명해진 한 신사의 초상화가 그려져 있다. 바로 알레산드로 볼타 Alessandro Volta이다. 코모에서 태어난 그는 물리학자이자 엔지니어였다. 그가 얻은 많은 명성 중에서 세계적이고 매우 드문 것은 바로 측정 단위에 이름이 붙은 것이다.

그것은 전압으로 더 잘 알려진 전위를 나타내는 단위인 볼트v이다. 전기 소켓의 220V 또는 막대형 건전지의 1.5V가 그를 떠올리게 한다. 볼타에게는 단위가 할당될 만한 자격이 충분했다. 이 뛰어난 이탈리아 발명가는 다른 것 중에서 특히 전기 배터리(우리 삶 어디에나 존재하는 도구로 휴대용 전기발전기 역할을 하는 그 배터리) 발명자로서 역사에 등장했다.

배터리는 매우 유용한 도구지만 처리가 어려운 폐기물이다.

또한 전기 배터리는 당연히 에너지는 생성되거나 파괴되지 않고 단지 변형될 뿐이라는 에너지 보존 법칙을 따른다. 배터리 단자에서 나와 스마트폰, 전자기기, 가전제품, 자동차 그리고 수많은 것에서 사용되는 전기는 사실 배터리의 구성요소에 저장된 화학에너지를 소모하면서 일어나는 산화환원 반응으로 생성되는 것이다.

배터리의 구성 요소는 유형에 따라 다양하며 몇 가지만 예를 들면 니켈, 카드뮴, 이산화망간, 금속 아연, 리튬 등이 있다. 리튬 배터리, 특히 충전식 리튬 이온 배터리는 요즘 가장 잘 알려져 있고 대부분 전자제품에서 쓰인다. 동일한 에너지의 양에 비해 작은 크기 외에도 많은 이점 중 하나는 재충전해서 여러 번 재사용할 수 있다는 점이다.

리튬 배터리에 대한 최초의 연구는 1912년으로 거슬러 올라간다. 미국 물리화학자 길버트 루이스Gilbert Lewis가 시작했다. 그러나 이 장치에 대한 연구가 성숙 단계에 들어가기 위해서는 1970년대까지 기다려야 했으며, 그 뒤에도 1990년대 특히 소비가전 부문에서 근본적인 중요성을 가지고 시장에서 대두할 때까지 기다려야 했다.

배터리에 대한 호기심

알레산드로 볼타는 전기 배터리를 발명했을 뿐만 아니라 메탄도 발견했다. 볼타 덕분에 우리가 매일 필요로 하는 에너지의 상당 부분을 만족시킬 수 있다.

배터리는 필연적으로 점점 더 기술과 운송의 주역이 되어가고 있다. 예를 들면 전기자동차의 발전과 보급은 효율적이고 가벼운 배터리의 개발과 밀접한 연관이 있다. 점점 더 작고 더 오래가는 배터리를 얻는 것이 목표이다. 그렇게 함으로써 자율성 측면에서 전기 자동차들이 석유 자동차와 경쟁력을 가질 수 있도록 하는 것이다.

일반적으로 다양한 유형의 장비를 전기 플러그에서 뺀 채 장시간 사용한다는 것은 점점 더 인기 있는 혜택이다. 따라서 기술적 발전의 미래는 배터리의 세계와 배터리의 개선에 부분적으로 연관되어 있다. 그러나 이것들을 다 사용한 다음에는 특히 큰 주의를

리튬 배터리에 대한 연구를 시작한 물리화학자 길버트 루이스는 1926년 『네이처』에 보낸 편지에서 아인슈타인이 예측했던 전자기에너지 양자를 기술하기 위해 광자라는 용어를 만들어냈다고 밝혔다.

배터리란 용어는 미국의 국부이자 다재다능한 과학자 중 한 명이었던 벤저민 프랭클린 때문인 것으로 보인다. 1748년에 상당한 양의 전기를 저장할 수 있는 라이덴병(전기 축전기의 구식 형태)의 연결을 기술하면서 사용했다. 흥미롭게도 배터리란 용어가 선택되었는데, 확실히 대포 포열과 유사한 데가 있었다.

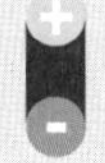

이탈리아에서는 매년 자동차 배터리를 재활용해 평균 10만 톤의 납, 1만 톤의 플라스틱을 회수하며, 이로써 납 수입 비용 8,000만 유로를 절약할 수 있다.

기울여서 다루어야 한다. 사실 배터리에는 수은, 납 및 카드뮴과 같은 독성 금속이 들어 있으며, 그것들이 포함된 채로 배터리를 매립지에 버리면, 이 물질들은 환경에 퍼져 축적되고, 토양과 지하수를 오염시키며, 먹이사슬에 들어갈 수 있다.

새로운 리튬 배터리는 이런 점에서 영향이 적지만, 리튬은 공기 중의 산소와 반응해 독성물질을 생성하고 인화성 또한 높다. 따라서 배터리를 분리하지 않고 버리는 것은 금지된다. 대신에 그것들은 전부, 심지어 시계에 쓰이는 단추 모양의 배터리까지도, 승인된 수집 지점(상점, 슈퍼마켓 및 작업장)이나 생태적으로 고립된 곳으로 보내 거기서 적절히 처리할 수 있도록 해야 한다. 한편 자동차 배터리는 다 쓴 배터리와 납 폐기물을 전기 정비공이 직접 협회로 보내도록 의무화되어 있다. 거기서 배터리를 구성하고 있는 납, 플라스틱, 황산을 회수한다.

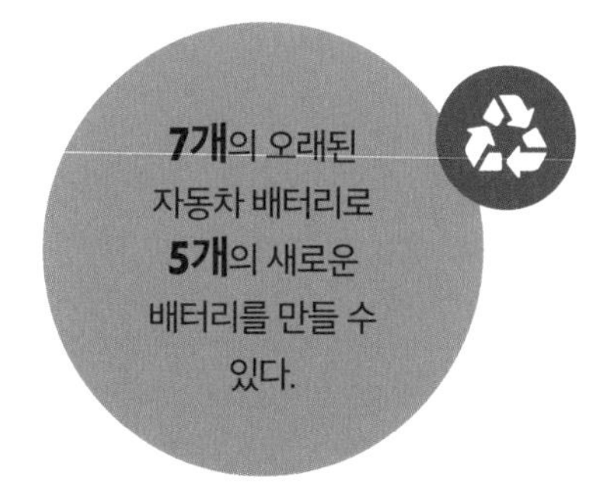

책상 위의 쓰레기통

컴퓨터에서 파일을 삭제하는 것이 휴지통에 종이를 던져 넣는 것과 꼭 같다고 할 수는 없다. 비록 컴퓨터 바탕 화면의 아이콘이 마치 집이나 사무실에서 종이를 던져 넣는 통처럼 보이지만 말이다. 실제로 컴퓨터에서 휴지통은 특수 폴더로 구성되어 있다. 휴지통에서 파일은 완전히 지워지기 위해 두 번째 명령을 기다린다.

우리가 일반적으로 버리기 위한 용도로 사용하는 물리적 실체를 나타내기 위한 바구니는, 1982년에 애플 리사Apple Lisa 인터페이스의 개발과 함께 등장했다. 거기서 버려지는 파일을 위한 폴더를 웨이스트바스켓wastebasket이라 불렀는데, 정확히 쓰레기통처럼 보였다.

그것이 처음 등장한 뒤 마이크로소프트의 운영체계조차 파일을 끌어다 놓거나 삭제하기 위해 보관하는 곳으로 바탕화면에 위치한 폴더에 쓰레기통 기능을 적용했다. 애플은 그것을 막기 위해 소송을 제기했지만 회사가

**컴퓨터 쓰레기통은
어디에 있는가?
그리고 우리가 실수로
지운 파일은
어디로 가는가?**

선택한 아이콘의 독창성을 인정받는 성과를 거두었을 뿐이다. 이는 그 후 저작권에 의해 보호받고 있다.

초기에는 휴지통으로 옮겨진 파일이 휘발성 메모리(오늘날 우리가 RAM이라고 부른다)에 저장되었으며 컴퓨터가 꺼지면 자동적으로 삭제되었다. 그러나 오늘날에는 자발적으로 제거해야 하며, 휴지통으로 파일을 옮기는 첫 번째 이동과 휴지통 비우기를 통한 후속 제거라는 이중 삭제 기능을 설정해 중요한 문서를 실수로 삭제할 가능성을 최소화하고 있다.

사실 휴지통에서 삭제된 파일은 물리적으로 삭제된 것이 전혀 아니다. 주어진 명령은 컴퓨터가 이전에 파일이 차지했던 공간을 덮어쓸 권한을 부여할 뿐이다. 이로써 다른 데이터를 보호할 수 있다. 이러한 이유로 일부 이른바 파일 복구 프로그램을 이용하면 이미 덮어쓰기되지 않은 한 삭제된 파일을 복구하는 것이 가능한 경우가 있다.

6

그것들은 말해준다

다가오는 미래에는 고고학자가 하는 일이 놀라움을 줄 수 있다. 적어도 탐험할 환경의 관점에서는 말이다. 매립지는 이미 내일의 고고학적 유적지로 간주된다. 거기서 사람들은 소비사회를 연구할 것이다. 왜냐하면 우리의 선택이 우리에 대해 말해주고, 우리가 버리는 것은 더 많은 것을 말해주기 때문이다. 쓰레기 더미의 내용물과, 어떤 경우든 우리가 더 이상 필요로 하지 않는 모든 것과, 우리가 방치한 것들이 이미 많은 이야기를 들려주고 있다. 어떤 것들은 건설적이고 어떤 것들은 우리가 전혀 자랑스러워할 수 없다.

영구동토층이 녹는다면

영구동토층은 더 이상 예전과 같지 않다. 수십에서 수백 년, 때로는 심지어 수천 년 동안이나 얼어붙은 채로 있던 북쪽 나라들의 토양층이 녹고 있다. 얼마 전까지만 해도 주기적으로 표면 아래 몇 센티미터가 녹았음에도 불구하고 깊은 곳은 단단해서 건물과 기반시설의 기초로 쓸 수 있었으나, 오늘날에는 지구온난화로 지반이 약해져 마음을 놓을 수 없는 상태가 되기 시작했다.

집들이 기울어지고, 다리에는 금이 가고, 도로는 비틀어졌다. 그리고 북쪽 나라들을 떠나는 환경 이민자의 문제는 이미 목전에 다가와 있다. 북극권 위에 살고 있는 수천 명의 사람은, 계속 살 수 없을 정도로 대지가 너무 약화되면, 집이 있던 곳을 떠나야 할 것이다. 러시아, 노르웨이, 중국, 캐나다, 그린란드 및 미국의 영구동토층(이었던 곳이라 하는 게 나을지도)은 영토의 상당 부분을 차지하며, 이것이 붕괴하는 것은 이들 나라뿐만 아니라 전 세계에 위협이 된다.

미국 국립해양대기청NOAA에 따르면 사실 엄청난 양의 이산화탄소(1조 3,300억~1조 5,800억 톤, 이는 현재 대기에 존재하는 양의 반 정도이다)가 영구동토층의 얼음에 갇혀 있는데, 이 얼음이 녹으면 방출되어 지구온난화를 증폭시킬 것이다.

심지어 여기서 끝이 아니다. 세계자연보전연맹IUCN은 사실 영구동토층 아래에 2.5기가톤(25억 톤)의 메탄하이드레이트(메탄가스가 온도와 압력 때문에 얼어서 고체 상태로 있는 것)가 있다고 추정했다. 이미 녹기 시작했을지도 모른다. 그렇게 된다면 먼저 물로 갔다가 대기로 방출될 것이다. 남은 시간은 그리 많지 않으며, 대략 20~30년으로 보고 있다.

영구동토층 아래에는
많은 것이 숨겨져 있다.
그것들은 표면 위로
돌아올 수도 있다.
어떤 경우에는 그러지 않는 편이
확실히 더 좋다.

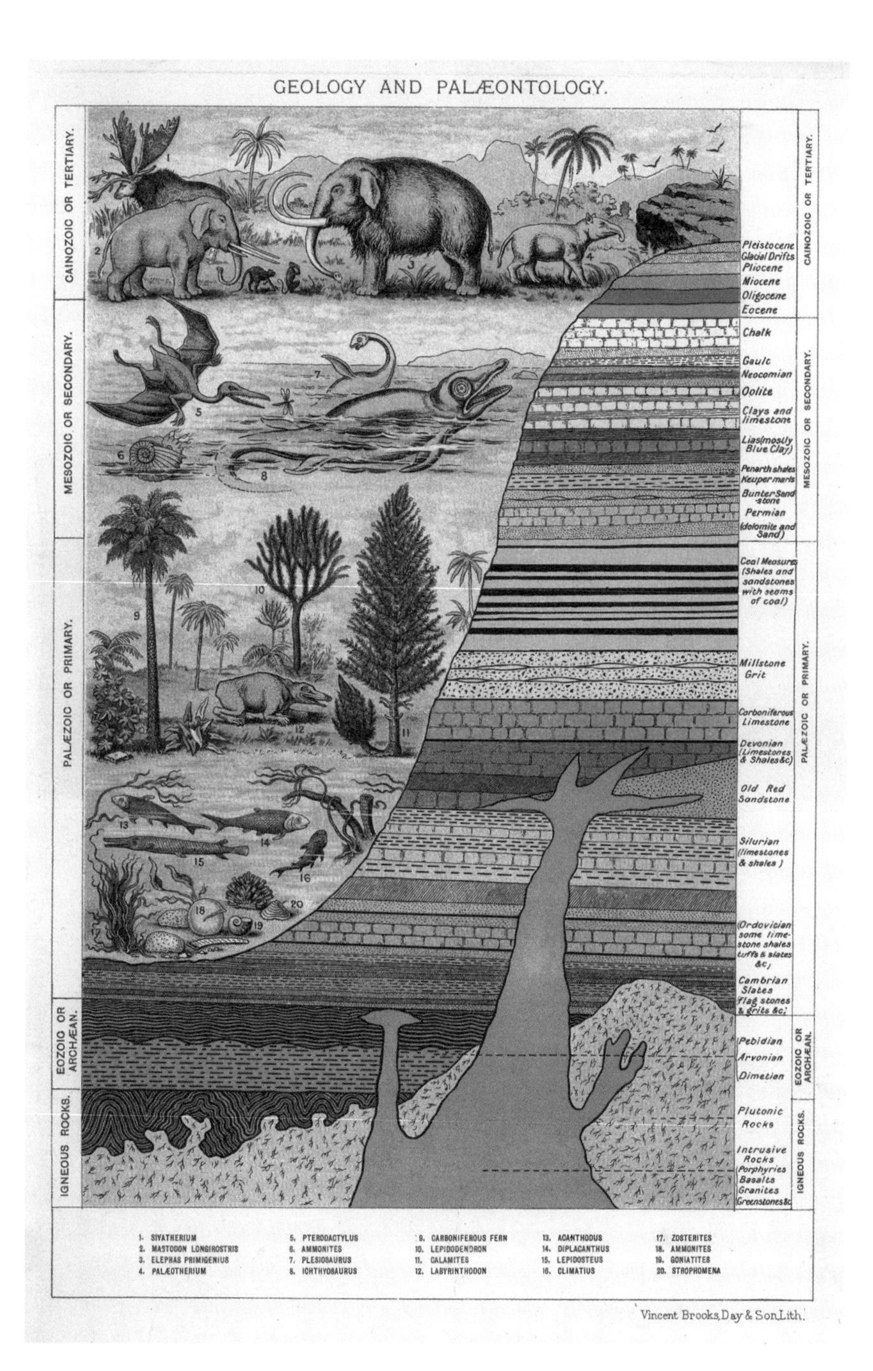
GEOLOGY AND PALÆONTOLOGY.
CAINOZOIC OR TERTIARY.
MESOZOIC OR SECONDARY.
PALÆZOIC OR PRIMARY.
EOZOIC OR ARCHÆAN.
IGNEOUS ROCKS.
Pleistocene
Glacial Drifts
Pliocene
Miocene
Oligocene
Eocene
Chalk
Gault
Neocomian
Oolite
Clays and limestone
Lias(mostly Blue Clay)
Penarth shales
Keuper marls
Bunter Sand-stone
Permian (dolomite and Sand)
Coal Measures (Shales and sandstones with seams of coal)
Millstone Grit
Carboniferous Limestone
Devonian (Limestones & Shales &c)
Old Red Sandstone
Silurian (limestones & shales)
(Ordovician some lime-stone shales tuffs & slates &c)
Cambrian Slates flag stones & grits &c.
Pebidian
Arvonian
Dimetian
Plutonic Rocks
Intrusive Rocks (Porphyries Basalts Granites Greenstones &c
1. SIVATHERIUM
2. MASTODON LONGIROSTRIS
3. ELEPHAS PRIMIGENIUS
4. PALÆOTHERIUM
5. PTERODACTYLUS
6. AMMONITES
7. PLESIOSAURUS
8. ICHTHYOSAURUS
9. CARBONIFEROUS FERN
10. LEPIDODENDRON
11. CALAMITES
12. LABYRINTHODON
13. ACANTHODUS
14. DIPLACANTHUS
15. LEPIDOSTEUS
16. CLIMATIUS
17. ZOSTERITES
18. AMMONITES
19. GONIATITES
20. STROPHOMENA
Vincent Brooks, Day & Son, Lith.

기후변화가 선페스트의 유행을 불러올 수 있다면?

오늘의 용어: 영구동토층

영구동토층, 즉 permafrost란 permanent(영구한)+frost(얼어 있는)로 이루어졌으며, 지질학에서 추운 기후, 즉 큰 산의 정상부나 일반적으로 위도 60도 이상 지역에서 영구적으로 얼어 있는 토양층을 가리킬 때 쓴다. 일반적으로 이런 유형의 토양은 몇 미터 아래에 위치하고 윗부분은 주기적으로 녹았다 다시 얼기를 반복한다. 어떤 추정에 따르면 영구동토층은 육지 면적의 약 5분의 1까지 지면 아래에 펼쳐져 있다.

우리 중 많은 사람이 이 생태적인 기후 폭탄이 어떤 영향을 미치는지 볼 시간을 가질 것이다. 마치 그것만으로는 충분하지 않은 것처럼, 영구동토층의 해빙은 수십, 수백, 수천 년 전의 쓰레기를 드러냄으로써, 인류에게 또 다른 위협을 주고 있다. 지하에 묻힌 유기폐기물에는 인간과 동물의 사체와 함께 그것을 죽게 한 바이러스도 포함되어 있다.

문제는 해동되면 냉동된 유기체(예를 들어 매머드)는 다시 살아나지 않지만, 바이러스와 박테리아는 훨씬 더 저항력이 있으므로 더 높은 온도로 되돌려지면 완전한 활동 상태로 돌아간다는 점이다.

예를 들면 2016년 8월 시베리아에서 기록된 평균 기온보다 높았던 기온은 영구동토층의 비정상적인 해빙을 야기했고, 80여 년 전 탄저병으로 죽은 순록의 사체를 드러냈다. 순록이 해동되었을 때 탄저균은 활동 상태로 돌아갔고 포자가 초지를 통해 퍼져나가 다른 많은 순록을 죽이고 어린이들의 죽음을 초래했다. 이미 사라진 것으로 믿었던 많은 박테리아가 활동을 재개했으며 불행히도 그중에는 선페스트와 같은 매우 심각한 질병도 포함되었다.

마지막 사람이 문을 닫는다

잊은 거 없나? 불은 껐나? 쓰레기는 챙겼나? 마지막 사람은 문 닫기를 부탁한다! 그렇지만 그린란드 빙하 가운데 미국의 극비 기지 캠프 센추리Camp Century의 폐쇄는 아마 꼭 이렇지만은 않았을 것이다.

비밀 기지 캠프 센추리는 **200명의 병사**를 수용할 수 있었다

1959년 미 육군 공병대가 건설한 이 기지는 1967년 이후 더 이상 사용

되지 않았고 영구적인 얼음이 그것의 비밀을 영원히 묻어둘 거라는 생각에 버려졌다. 쓰레기들도 함께.

그런데 그렇지 않을지도 모른다. 그리고 권위 있는 과학 저널 『지구물리학 연구 서신Geophysical Research Letters』에 게재된 윌리엄 콜건William Colgan과 동료들의 과학 논문에 따르면 이것이 문제가 될 수도 있다. 모든 것이 007 영화에서나 어울릴 시나리오에서 시작되었지만, 이것은 제2차 세계대전 후부터 베를린 장벽 붕괴까지의 세계 역사를 특징짓는 초강대국 사이의 대결 무대 중 하나였다.

세계대전이 끝난 뒤, 핵무기를 투하할 수 있는 장거리 폭격기가 점차 늘어남에 따라 미국과 소련 간 최단 거리인 북극 항로가 군 지휘부의 주목을 끌었다. 1951년 미국과 이 거대한 섬을 소유하고 있는 덴마크 간에 조약이 체결되었고, 그 뒤 미국은 그린란드에 세 개의 공군 기지를 건설했다. 마침내 1959년에 8m 깊이에 200명의 병사를 수용할 수 있는 지하 기지 캠프 센추리가 지어졌다. 이 기지의 공식적인 목적은 북극의 얼음을 연구하고 극한 기후 조건에서 새로운 건축 방법을 시험하는 것이었지만 진짜 목적은 따로 있었다. 사실 이 기지는 매우 비밀스러운 아이스웜Iceworm 프로젝트의 일부였으며, 빙관 아래 핵탄두 탄도미사일의 격납과 발사를 위한 장소를 건설하는 것이 가능한지 연구하는 것이 목적이었다.

**언젠가 얼음이 녹으면
아이스웜 프로젝트 같은
군사기밀이 드러날 수 있다.**

원자로 하나(최초의 이동식 원자로 중 하나였다)가 기지의 에너지 수요를 책임졌다. 1963년에 아이스웜 프로젝트가 중단되자 캠프 센추리는 중요성을 잃기 시작했고, 1967년에 완전히 폐쇄되었다. 그때는 얼음이 그 내용물과 폐기물을 영원히 보전할 거라고 생각했다. 콜건의 논문에 따르면, 캠프 센추리에는 건물과 선로, 연료나 PCB(폴리염화 바이페닐) 같은 화학 폐기물, 하수오물과 탁한 물 같은 생물학적 폐기물, 원자로 냉각수와 같은 방사성 폐기물 등 9,000톤이 버려져 있다.

이 방사성 폐기물은 원자폭탄을 운반하던 B-52 폭격기가 멀지 않은 곳에 추락하면서 주변에 퍼져나간(그리고 오직 부분적으로 회수된) 양보다 훨씬 적다. 대신 원자로의 반응 챔버가 제거되었다.

이 폐기물에 대한 영구 얼음 가설은 콜건 그룹의 연구에 의해 의문이 제기되었다. 오늘날 알려진 기후 모델에 근거해 이 지역 빙상의 진화를 시뮬레이션한 과학자들은 2090년경 빙상이 순축적 상태에서 분명한 해빙 상태로 옮겨갈 것이라는 시나리오가 있다고 결론 내렸다.

얼음층 67m 아래에 묻힌 캠프 센추리의 쓰레기가 녹는 데는 90년이 걸릴 것이고, 얼음이 녹아서 생긴 물의 투수percolation가 오염물질, 특히 두려운 PCB를 운반하는 데는 그보다 더 적게 걸릴 것이다. 연구자들이 인정하듯 이것은 유일한 시나리오가 아니며 다른 이들은 해빙에 더 많은 시간이 걸릴 것으로 예측한다. 그러나 분명히 이러한 결과는 지구온난화가 잘 알려진 문제들 외에도, 예기치 못한 잠재적으로 심각한 문제를 얼마든지 일으킬 수 있다는 것을 잘 보여준다.

또 다른 예는 마이클 제라드Michael Gerrard가 『국제 문제에 관한 SAIS 리뷰SAIS Review of International Affairs』에 게재한 논문에서 제기되었다. 마셜 제도의 비키니 환초와 에네웨타크Enewetak 환초에서 미국이 폭발시킨 67개의 핵폭탄에서 나온 방사성 폐기물은 부분적으로 폭탄 중 하나에 의해 발생한 분화구 자리에 매장되었으며 시멘트층으로 덮여 있다. 만약 지구온난화로 인해 태평양의 수위가 이 분화구를 잠기게 하면(이미 시멘트 덮개가 약해지고 있다), 그리고 그동안 대책이 취해지지 않는다면 그 결과는 극적일 수 있다. 불행히도 현실은 때로 상상을 훨씬 초월한다.

쓰레기 메이커

"당장 사십시오. 당신이 지켜 주는 일자리는 바로 당신 자신의 것일 수 있습니다! 번영으로 가는 길을 사십시오! 사고, 사고, 또 사십시오. 그것은 귀하의 애국적 의무입니다!" 이러한 슬로건은 제2차 세계대전 이후 불경기 때부터 1950년대 내내 미국 어디서나 읽고 들을 수 있었다. 이것은 다국적 기업 판매부의 이익을 위해 광고 회사가 만들어낸 것처럼 보이지만, 사실은 다름 아닌 미국 정부가 내수와 산업 생산을 지원할 목적으로 사람들이 항상 새로운 제품을 구매하도록 독려하기 위해 유포한 것이다.

아이젠하워 대통령도 나서서 이 '사

회적' 캠페인을 적극 장려했다. 그는 국가 경제를 재건하고 위기에서 탈출하기 위해 '오늘 구매'해야 한다는 확고한 믿음을 가지고 있었다. 이러한 열정적이고 무차별적인 소비에의 초대는 한동안 미국인들의 습관에 압력을 주어 깊숙한 영향을 미쳤고, 그 효과는 오늘날에도 여전히 볼 수 있다.

그러나 그것들이 널리 퍼진 바로 그 해에, 지속적인 성장과 환경 자원의 무분별한 소비에 기초한 경제 모델을 찬양하는 데 의문을 제기한 최초의 목소리가 터져나왔다.

가장 권위 있는 사람 중 하나로 미국의 저널리스트이자 사회학자 밴스 패커드Vance Packard를 꼽을 수 있다. 그는 전 세계적으로 유명해진 두 권의 책 『초자연적 설득자The Occult Persuaders』와 『쓰레기 생산자The Waste Makers』에서 냉정한 객관성을 가지고 미국 사회의 트렌드를 분석하고 기록했다. 첫 번째 책에서 패커드는 마케팅 전문가와 심리학자에 의한 소비자 조작이 지속적으로 새로운 수요를 유도하고 구매를 자극한다고 밝혔다.

『쓰레기 생산자』에서는 자본주의 모델에 대한 확증과, 위기 순간을 극복하기 위한 미국 경제의 (성공적인) 시도, 그리고 수요의 강한 성장(평균적인 가정은 그들이 정말 필요한 모든 것을 이미 가지고 있었다)으로 인해 1950년대에 전조가 보이는 시장의 절박한 포화 상태와 뒤이은 구매 붕괴에 대해 연구했다. 패커드는 '내구성 있는' 제품을 사는 것에서, 새로운 수요 창출 결과 일정 시점 이후 교체가 의도된 제품 구매로 이행하는 것을 의미하는 계획된 노후화 이론의 성공을 기술했다.

"내구성 있는 제품?
그것은 마지막 할부금을
지불하는 것보다
더 오래가는 제품이다."

밴스 패커드, 『쓰레기 생산자』

책의 끝부분에서 그는 해결책을 제안했다. 오직 소비만을 위한 소비의 사악한 순환(이것은 또한 자연자원을 소비하고 엄청난 양의 쓰레기를 생산한다)에서 벗어나 이 경로를 되돌리려면, 품질의 개념, 저축과 환경 균형의 보존에 대한 중요성을 회복해야 한다는 내용이었다. 이미 50년 전에 이런 의견이 나왔는데, 우리는 아직 시작도 하지 않았다.

보이지 않는 도시:
레오니아

> ……레오니아에서의 부유함은,
> 매일 팔고 사는 대량생산된 물건들보다는
> 새 물건을 위한 공간을 마련하기 위해
> 매일 버려지는 양으로 측정된다.
> 레오니아의 진정한 열정이 정말로
> 그들이 말하는 것처럼 새롭고 다른 물건을 즐기는
> 것인지, 또는 그것을 몰아내고, 멀리하고,
> 되풀이되는 불결함을 청결하게 하려는 것은
> 아닌지 궁금하다. (…)
> 매년 도시는 확장되고 쓰레기 더미는 더 멀리
> 떨어져야 한다. 버리는 물건의 규모가 증가하고
> 더미는 올라가고, 층을 이루고, 더 넓은 둘레로
> 펼쳐진다…….

이탈로 칼비노Italo Calvino, 『보이지 않는 도시Le Città Invisibili』, 1972

GDP보다 GNW

'국가의 번영을 국내총생산GDP이 아니라 국가가 생산하는 쓰레기의 양으로 나타낸다면?' 이런 생각을 떠올린 미국 사우스플로리다 대학교 사회학 교수 헨리 윈스럽Henry Winthrop은 1961년에 새로운 연간지표인 '국내총쓰레기Gross National Waste, GNW'를 고안했다. 윈스럽에 따르면 GNW는 간접적으로 소득과 연관 있으며, 국가의 번영을 평가하기 위해서는 상품 생산을 측정하는 지표보다 더 유용할 수 있다. 또한 그는 놀랍게도 생산된 쓰레기의 양과 유형이 특정한 사회적 병리를 나타낼 수도 있다고 추측했다.

국내총쓰레기는 새로운 국가지표가 될 수 있다. 그러나 그것이 복지를 나타내는가?

쓰레기학

당신이 무엇을 버리는지 말해보라. 그럼 당신이 누구인지 말해주겠다. 새로운 과학은 우리가 무엇을 버리는지를 통해 우리를 연구한다.

우리는 파라오의 무덤과 그들이 남긴 예술작품과 공예품을 통해 이집트 문명을, 도시의 유적과 우리에게 내려온 예술작품을 통해 로마와 그리스를 연구하고 알아왔다. 다른 한편으로, 더 이전의 다른 문명은 뼈, 날카로운 돌, 재나 음식의 잔류물 같은 최초로 자료가 나온 정착지의 쓰레기를 근거로 삼아 연구해왔다. 이것은 우리의 운명이 될 수도 있다. 미래의 고고학자들이 우리의 문명을 심도 있게 이해하고 싶다면, 많은 유용한 정보를 아주 특별한 장소로부터 얻을 수 있을 것이다. 그곳은 바로 쓰레기 매립지이다.

우리의 식생활, 사회 습관 및 다른 많은 소비사회의 특성이 시간에 걸쳐 우리가 버린 물건들에 의해 기술될 것이다. 이미 일부 연구는 매립지에 기저귀의 많고 적음과 인구통계학적 추세의 연관성을 입증했다. 대학에 교과도 생겼다. 1970년 애리조나 대학교 윌리엄 라트지William Rathje 교수가 '쓰레기학garbology'이라는 교과를 개설해 첫걸음을 내디뎠다.

이 과학 분야는 쓰레기를 역사적, 인류학적, 사회학적 관점에서 관찰하고 연구한다는 점에서 고고학과 많은 공통점을 가지지만, 거기에 더해 시간에 따라 그것들이 어떻게 변해가는지 또 그것들이 버려진 환경 속에서 어떤 거동을 보이는지 이해하는 것을 목표로 하며, 수거 장소의 관리를 개선하기 위해 필요한 조정의 개념과 제안도 목표로 가지고 있다.

환경 인종주의

쓰레기는 우리에 대해 많은 것을 말해준다. 그중에서도…… 우리는 인종주의자라고 말한다. 1983년 미국 회계감사원 GAO에서 발간한 보고서에 따르면 유해 폐기물 저장소로 선정된 네 곳과 그 지역 거주자의 인종 구성은 상관관계가 있다. 보고서는 폐기물 처분 장소의 선택이 그곳에 사는 인구와 어떻게 직접적으로 연관되는지 강조하면서, 환경적 인종주의의 개념을 소개한다. 유해 폐기물 반대에는 시간, 돈, 정치적 관계가 필요하기 때문에, 그리고 이러한 자원은 일부 지역, 특히 인종적 소수 집단에서 부족하기 때문에 유해물질을 저장하는 장소의 선택은 사실상 무작위나 환경상의 이유로 결정되지 않고 이러한 요소들에 연계되어 있다.

오늘날 '환경적 인종주의'라는 용어는 사회적으로 소외된 소수 인종이 다

소 의도적으로 오염원에 더 많이 노출되는 경우나 물, 깨끗한 공기, 경작 가능한 땅 같은 자연자원에 대한 개인적인 접근이 다른 인종 그룹이나 기업에 더 유리한 상황을 기술하는 데 사용된다. 이 말은 강대국과 개발도상국의 관계뿐만 아니라 한 나라 구성원들 사이의 관계에도 적용될 수 있다. 국제 수준에서, '환경적 인종주의' 정책의 예는 어떤 나라에서는 처리하는 데 비용이 많이 들고 금지된 위험 폐기물을 환경 법규가 덜 엄격한 국가, 일반적으로 개발도상국으로 수출하는 것과 관련되어 있다.

새로운 형태의 인종주의는 어떤 인구가 더 많은 오염에 노출될지 선택한다.

미래 인류를 위한 중요한 메시지

피라미드, 콜로세움, 에펠 탑, 리알토 다리, 만리장성, 타지마할 등. 과거의 문명으로부터 내려온 유산을 생각하면 이런 예들이 쉽게 떠오른다. 반면 우리가 물려줄 유산은 무엇이 될 것인가? 우리 문화의 모든 산물 가운데 어떤 것이 수백, 수천 또는 수만 년의 시간을 견뎌낼 수 있을까?

예측하기 어렵지만 한 가지는 확실하다. 우리가 생산할 것들 중 적어도 하나는 아주 오랜 수명을 가지고 있다는 점이다. 바로 핵폐기물이다. 높은 활성을 가진 것들은 수십만 년 동안 방사능과 위험을 지닌 채 남을 것이다. 매우 먼 과거에서 온 것처럼 보이는 피라미드도 단지 4,500년이 지난 것이고, 콜로세움은 겨우 1,950년 된 것이다.

그렇다면 이렇게나 위험한 것을 가지고 어떤 행동을 취할 것인가? 특히 미래 세대에게 핵폐기물이 주어진 장소에 저장되어 있다는 사실을 어떻게 경고할 것인가? 인간종의 전체 문자 전통은 겨우 5,000년이며 수천 년 후까지 지식의 전승을 보장하는 알려진 방법은 없다. 왕조, 문화운동, 과학기관 등 우리가 알고 있는 모든 것은 기껏해야 몇 세기 동안 지속되었을 뿐이다. 심지어 지금까지 가장 오래 지속된 인간의 창조물인 종교도 수천 년을 넘지 않는다.

어떻게 그리고 어디에 폐기물을 안전하게 저장할 것인가 하는 문제는 여전히 해결되어야 할 과제이다. 동시에 똑같이 중요한 또 다른 문제가 제기되어 연구자들로 하여금 수십 년 동안 고심하게 만든다. 어떤 방법으로 후세들에게 이 저장소들의 존재와 그 위험을 알릴 것인가? 어떻게 우리의 지식을 다음 3만 세대(추산에 따르면)에게 확실히 전달할 것인가? 간단히 말하자면, 이것은 단지 최고로 안전한 금고를 건설하는 문제가 아니라, 또한 일단 문이 닫히고 나면, 왜 그것으로부터 멀리 떨어져야 하는지 설명하는 표지판을 부착하는 문제이기도 하다.

어떤 언어가 10만 년 후에도 여전히 이해될 수 있을까? 그리고 어떤 문자가? 첫 번째 문제는 미국 에너지성이 1981년 엔지니어, 고고학자, 언어학자들로 이루어진 전문가 그룹이 모여서 이 문제를 토론할 때 제기되었다. 해결책을 제안하는 것과는 거리가 멀지만, 연구자들은 메시지가 물리적 표지와 구전 전통 둘 다를 통해 전달되어야 한다고 제안했다.

1984년에 독일의 잡지 『기호학회지Zeitschrift für Semiotik』는 다른 접근법을 시도하기로 결정해 독자들에게 질문을 제기했고, 그중 가장 흥미로운 대답을 게재했다. 여기 몇 가지가 있다.

어떤 언어로 3만 세대 후의 사람과 소통하고 위험을 경고할 것인가?

작가 스타니스와프 렘Stanisław Lem은 인공위성 네트워크를 만들어 수천 년 동안 지구 궤도에서 지구로 정보를 전송하게 하거나, 폐기물 저장소와 관련된 메시지를 어떤 꽃의 DNA 안에 암호화해서 넣고 재배만을 위한 특별한 '정보 플랜트'를 저장소 근처에 만들 것을 제안했다. 그러나 그는 미래에 이 정보를 어떻게 해석하는지에 관한 딜레마를 해결하지 못했고 실제로는 문제를 옮기기만 했을 뿐이다. 기호학자 토머스 세보크Thomas Sebeok는 대신에 일종의 '원자 사제단' 구성을 제안했다. 2,000년 이상 지식을 보존하고 전해온 가톨릭교회의 모델에 따라, '핵 성당'에서 의식과 신화를 통해 지식을 전승하자는 것이었다.

가장 흥미로운 것 중 하나는 프랑수아즈 바스티드Françoise Bastide와 파올로 파브리Paolo Fabbri의 제안이다. 그들은 방사능 돌연변이 고양이인 레이캣Ray Cat을 만들 것을 생각했다. 이 고양이는 방사능의 존재에 따라 색깔을 바꿀 수 있다. 네발 달린 가이거 계수기인 셈이다. 반면 물리학자 에밀 코발스키Emil Kowalski는 그것을 거의 난공불락으로 만드는 기술이 보호하는 저장소의 건설에 초점을 맞췄다. 이런 식으로 오직 충분히 지적인 사람들만 거기에 들어올 수 있게 하면, 그들은 십중팔구 위험을 알리는 사인을 해독할 수 있을 것이다.

하수도의 역사

뉴욕 지하철 노선은 총길이가 약 1,370km에 이른다. 뉴욕의 하수도망은 그것의 9배에 달하는 1만 2,000km이다. 로마의 하수도망은 3,100km 정도 된다. 이들 숫자는 현대 도시의 삶에서 하수가 얼마나 필수적인 요소인지 깨닫기에 충분하다.

다른 한편으로 하수 시설은 도시의 인프라와 너무 밀접하게 통합되어 있어 우리는 그 크기를 인식조차 못 한다. 고대부터 인간은 기상 현상에 의한 표층수와 다양한 인간 활동에서 유래되는 여러 유형의 물을 제거하는 문제에 직면해왔다. 하수의 역사는 수천 년 전에 시작되었다.

**배설물을 처리하는 것은
항상 필수적인 일이었다.
하수의 역사는 우리에
대해 뭔가를 말해준다.**

스코틀랜드 해안 북쪽에 있는 오크니 제도에는 기원전 3100년에서 기원전 2500년 사이에 거주했던 것으로 추정되는, 가장 잘 보존된 신석기시대 정착지 중 하나인, 스카라브레Skara Brae가 있다. 오늘날 유네스코 세계문화유산 목록에 등록되어 있다. 그 당시 편의시설은 사치였지만 스카라브레의 주거단지에는 이미 초보적인 배수 시스템이 갖추어져 있어 개별 거주지의 하수를 마을에서 멀리 떨어진 곳으로 옮겼다.

그보다 전에 오늘날 이라크 지역에서 기원전 5500년부터 기원전 500년까지 이어진 수메르, 아카디아, 바빌로니아 문명에서는 배출 배관 시스템, 변소, 정화조를 사용했다는 공통점이 있다. 심지어 기원전 3000년경 인더스강 유역에 살던 사람들도 개방된 하수로를 만들었다. 하천에서 온 물이 이 수로를 따라 흘러가며 쓰레기를 거주지에서 멀리 떨어진 곳으로 옮겼다.

일반적으로 점점 더 나은 하수 시스템의 건설은 문명의 진보와 함께한 것으로 보인다. 고대 로마인은 이 분야의 진정한 달인이었다. 그들은 고대 세계에서 가장 복잡한 도시 물 수송 시스템(하수도 및 수로)을 건설했고, 그 모델은 그들이 정복한 많은 지역으로 수출되었다.

의심의 여지없이 가장 유명한 로마의 하수 집하장은 기원전 6세기에 시작된 클로아카 막시마Cloaca Maxima이다. 로마의 공공장소에서 나온 하수는 운하를 따라 비쿠스투스쿠스를 향해 가다가 벨라브로, 포로보아리오를 가로지르는 경로를 따라가다 마지막에는 폰테에밀리오 언덕에서 테베레강으로 떨어졌다. 원래 기원전 2세기까지 노출되어 있던 것이 기원전 1세기에 아치로 덮였고, 어떤 곳에서는 높이가 3m, 너비가 4m에 달하기도 했다. 로마의 하수도 시스템은 많은 경우 로마 제국이 멸망한 뒤에도 수 세기 동안 작동했으며, 특히 이런 중요한 기반시설의 건설과 사용이 퇴보했던 중세 암흑기에도 작동했다.

19세기 중반에 두 번째 산업혁명이 시작됐을 때, 대도시에서는 점차 인구밀도가 높아지고 그에 따라 위생 문제도 극적으로 증가했기 때문에, 현대적 하수도 시스템이 개발되기 시작한 것은 필연적이었다.

유럽에서 얼마나 많은 마약이 소비되는가?

하수구는 이야기를 해준다. 그러나 항상 즐거운 이야기만 들려주는 것은 아니다. 예를 들어 이것은 하수구들이, 하수 배출량을 정확히 분석함으로써 20개 유럽 국가에 속한 53개 도시의 마약 사용 실태를 연구했던, 마약 및 마약중독에 관한 유럽 모니터링센터European Monitoring Centre for Drugs and Drug Addiction의 연구

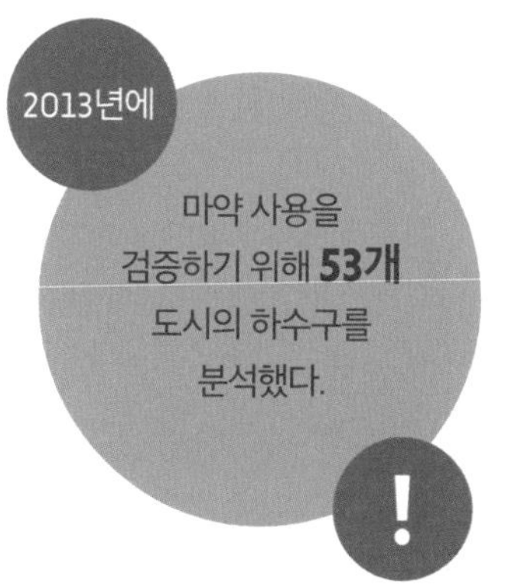

원들에게 알려준 것이다.

2016년에 실시된 이 분석은 폐수에서 불법 약물 잔류물을 찾는 것에 기반을 둔 것이다. 원칙적으로 그 과정은 비교적 간단하다. 마약을 한 번 복용하면 소변에 지울 수 없는 서명을 남긴다는 점을 이용해 하수 액체 표본을 채취해 그 흔적을 찾아 들어간다. 그들은 (오줌은 우리가 소비한 대부분 물질에 대한 기억을 포함하고 있다는 점에서) 잔류물로서 직접적으로 나타나고 대사산물로서 간접적으로 나타난다.

후자는 신진대사의 결과인 화합물이다. 신진대사는 모든 생물체에서 발생하는 일련의 화학반응으로 우리 생명의 기초가 된다. 우리 몸이 코카인과 같은 약물을 대사할 때 소변을 검사하면 약물 섭취를 알려주는, 바로 그 물질을 생산한다.

일단 이런 잔류물의 농도가 확인되고 정량화되면, 특정 하수관을 이용하는 사람들의 수와 폐수의 흐름을 알기 때문에, 특정 유형의 약물 소비에 대한 추정치로 돌아갈 수 있다. 이 연구에는 코카인, 암페타민, 메스암페타민, 엑스터시가 포함되었다.

그 결과는 연구자들의 보고서(이 보고서는 모니터링 센터 홈페이지에서 볼 수 있다)에서 설명했듯이 오차의 한계를 당연히 가지지만, 흥미롭게도 경찰의 체포 기록과 같이 다른 출처에서 얻은 것과 일치하는 정보를 제공한다. 예를 들어 약물 소비는 지리적 지역에 따라 다양한 것으로 나타난다. 코카인 소비는 서유럽과 남유럽 국가들에서 더 많다. 이런 방법으로 코카인 사용을 처음 탐지한 장소는 안트베르펜, 런던, 취리히, 바르셀로나, 몰리나 데 세구라, 에인트호벤이다. 한편 암페타민은 중부 유럽과 북유럽에서 더 흔하다. 이 연구 결과는 마약 소비가 주말 동안 증가하는 경향도 보여준다.

마약을 사용하면 우리의 신진대사는 특정한 물질을 만든다. 어떤 이는 그것을 찾기 위해 하수도로 갔다.

(마이크로) 사회적 관계

2억 년 전
공룡들도 이미
볼일을 보기 위한
격리된 장소를 갖고
있었다.

다양한 동물종의 대변은, 동물 자신들과 마찬가지로, 크기, 색깔, 냄새, 모양 및 내용물이 제각각 다르다. 각 특성은 그것들을 생산한 개별 동물의 습성, 건강 상태 및 먹이에 관한 많은 정보를 가지고 있다. 따라서 왜 이런 특정한 '쓰레기'가 종종 연구의 대상이 되는지 설명해준다.

미국 『국립과학원회보Proceedings of the National Academy of Sciences』에 발표된 최근 연구에 따르면 대변은 일부 동물의 사회생활에서 중요한 역할을 한다. 토끼의 구슬 같은 똥에서부터 새의 물 같은 똥까지, 개의 돌돌 말린 관 모양에서부터 웜뱃의 사각형까지, 동물들이 뒤에 남기는 것은 따라서 그들이 동물들 사이에서 어떻게 행동하는지 알려주기도 한다. 웜뱃의 경우 특히 분명하다.

웜뱃은 육면체 똥을 눈다.
그것은 웜뱃의 습성에 대해
무언가를 말해준다.

호주에 사는 코알라의 먼 친척은 하루에 최대 16시간 자면서 낮에는 땅속 은신처에서 지내고 밤이 되면 밖으로 나와 먹이를 찾고 육면체 똥을 눈다. 야행성 동물이기 때문에 시력은 발달하지 않았지만 한편으로는 먹이를 찾고 방향을 잡는 데 쓰이는 탁월한 후각을 지니고 있다. 많이 움직이지 않는 생명체들이 다 그렇듯이, 웜뱃은 얼마간 영역 동물이며 은신처 주변에 뿌려진 수많은 정육면체 똥(웜뱃은 하룻밤에도 수백 개를 만들 수 있다)은 영역을 표시하는 것이다. 또한 연구자들의 이론에 따르면 군집의 다른 구성원들과 정보를 교환하는 데도 필수적이다.

그렇지만 왜 이 작은 곰종은 전체 동물왕국에서 유일하게 입방체의 배설물을 생산할까? 웜뱃은 매우 긴 내장을 가지고 있어 2주 이상 지속되는 매우 느린 소화 작용을 한다. 웜뱃의 내장 처음 부분은 단단한 두 개의 평행한 면과 두 개의 직각 면을 따라 뻗어 있어, 이것을 통과한 대변은 일종의 평행육면체 형태를 가진다. 장시간 소화해 소화된 물질은 점차 물기가 빠지고 처음 모양을 유지한 채 작아져, 밖으로 배출되면 더 작은 조각으로 부서지면서 정육면체 모양이 된다. 그들의 특별한 형태는 또한 매우 유용하다. 웜뱃은 바위나 작은 언덕 꼭대기에 배설하기 때문에 이 냄새 나는 흔적이 다른 동물에게 더 쉽게 발견되는데, 똥이 입방체 모양이어서 쉽게 굴러떨어지지 않는다.

수백만 년 전으로 거슬러 올라간다 할지라도 동물의 배설물에서 그들의 사회적 습성에 대해 많은 것을 발견할 수 있다. 예를 들면 최근의 발견은 심지어 공룡들도 화장실을 사용했으며 무리의 전 구성원이 배변을 위한 공용 장소를 사용했다는 것을 보여준다. 일군의 고생물학자들이 이런 사실을 발견했다. 그들은 아르헨티나 북서부에서 2억 년 전으로 거슬러 올라가는 거대한 똥 무더기를 발견했다. 이 무더기는 초기 공룡 시대에 돌아다니던 코뿔소와 닮은 파충류인 아르코사우루스Archosauriforme가 만든 것이다. 이는 특히 흥미로운 발견이다. 왜냐하면 오늘날 많은 종에서 발견되는 이런 유형의 행동을 공룡이 멸종하고 수백만 년 뒤에 나타난 것으로 생각해왔기 때문이다.

휘파람새의 똥:
아름다움에는 비용이 든다

일본 규슈섬에만 살고 있는 작은 새 '일본 수풀 나이팅게일'은 그것에 관해 잘 알려진 노래와 함께 하나 이상의 흥미로운 이야기를 말해준다. 예를 들면 게이샤와 가부키 극장의 배우에 관한 이야기이다. 그들이 사용하는 미용 크림은 그 새들의 배설물로 만든 것인데, 파운데

수풀 나이팅게일의 길이는 **약 12cm**다.

게이샤들이 화장을 지우는 데 사용하고 오늘날의 스타들이 미용 제품으로 이용하는… 이것은 나이팅게일의 똥으로 만들었다.

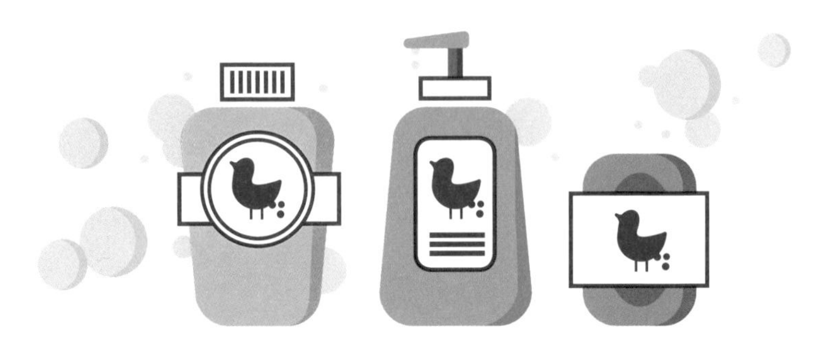

이션으로 사용하는 아연과 납을 기초로 만든 두꺼운 흰 메이크업을 지우는 데 사용한다. 흰 메이크업은 오래 사용하면 피부에 심각한 문제를 일으킨다.

이 미용 크림은 한국인들에 의해 일본에 도입되었다. 미용 크림의 사용이 기록된 것은 헤이안 시대(794~1185)부터인데 에도 시대(1603~ 1868)까지 확산되었으며, 미백과 치유 효과로 인해 매우 비싼 미용 크림으로 우리 시대까지 내려왔다. 우기스 노 푼うぐいすのふん(이런 유형의 크림 이름으로 '휘파람새의 똥'이라는 뜻)은 구아닌 성분으로 인해 약간의 박리작용이 있어 얼굴을 빛나게 해주고 피부를 청소해 광택을 되살려주는 작용을 한다. 불교 승려들 또한 깎은 머리를 빛내고 깨끗하게 하는 데 이것을 사용한다.

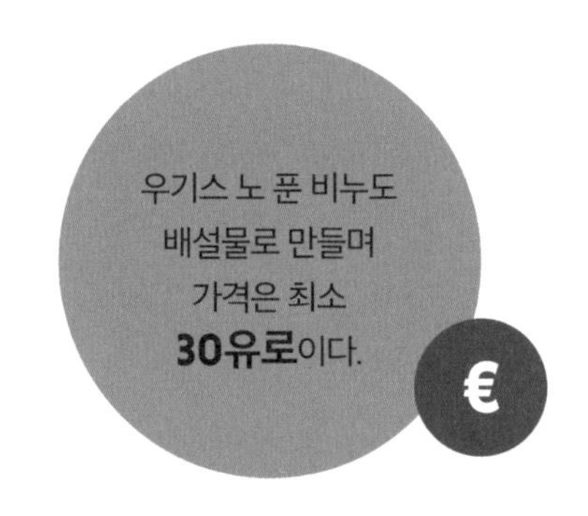

수풀 나이팅게일 똥의 미백 특성은 과거에 전통문화와 밀접하게 관련된 다른 방식으로도 활용되었다. 일본에서는 기모노의 얼룩을 씻고 제거하거나, 염료의 일부를 자의적으로 제거해 섬세한 비단에 화려하고 정교한 디자인을 만드는 데 쓰였다.

기록의 날

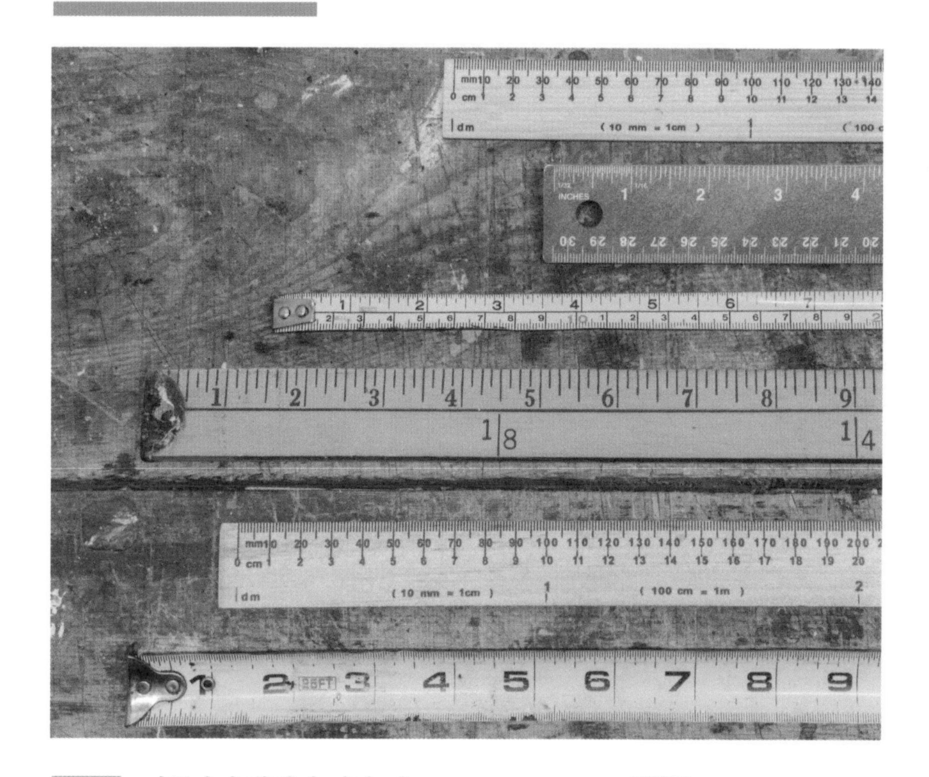

지금까지 발견된 가장 긴 코프롤라이트coprolite(동물 똥의 화석 — 옮긴이)는 2014년 7월 22일 미국 경매장 I. M. 체트I. M. Chait에서 개인 수집가에게 1만 370달러에 팔린 것이다. 워싱턴주에서 발견된 것으로 길이가 1m 조금 넘고 알려지지 않은 동물종의 것이다. 경매장의 카탈로그에 따르면 아마도 지금까지 팔린 것 중 가장 긴 화석 배설물일 것이다.

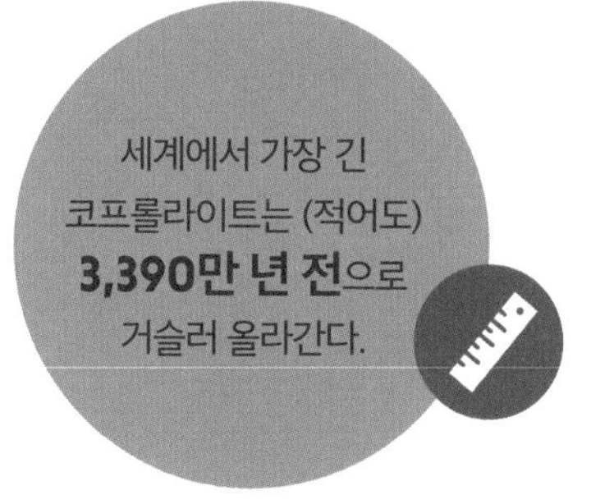

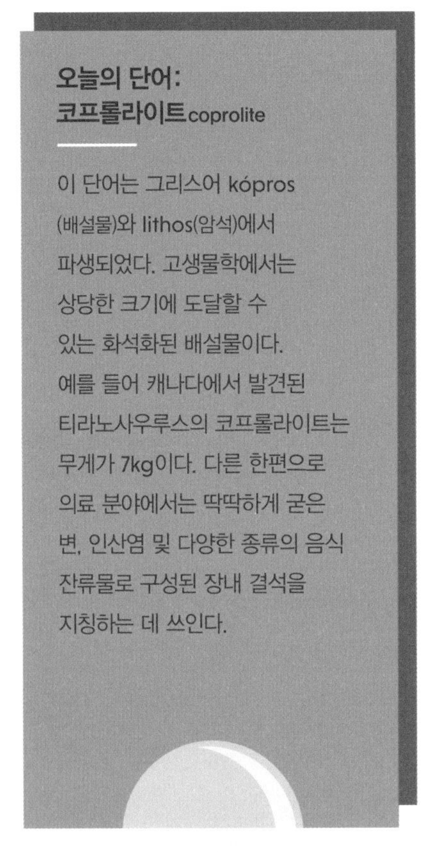

오늘의 단어:
코프롤라이트coprolite

이 단어는 그리스어 kópros (배설물)와 lithos(암석)에서 파생되었다. 고생물학에서는 상당한 크기에 도달할 수 있는 화석화된 배설물이다. 예를 들어 캐나다에서 발견된 티라노사우루스의 코프롤라이트는 무게가 7kg이다. 다른 한편으로 의료 분야에서는 딱딱하게 굳은 변, 인산염 및 다양한 종류의 음식 잔류물로 구성된 장내 결석을 지칭하는 데 쓰인다.

과학자뿐만 아니라 전 세계에서 화석 똥에 대한 관심이 커지고 있다.

이 발견은 올리고세(신생대 제3기를 다섯으로 구분할 때, 세 번째-옮긴이)나 미오세(중신세라고도 하며 신생대 제3기 중 네 번째 시대-옮긴이)까지 거슬러 올라간다. 530만~3,390만 년 전에 해당한다. 과학계는 그것이 실제로 변이라고 만장일치로 동의하지 않으며, 『내셔널 지오그래픽』은 우리가 믿는 것이 단순한 진흙 화석이라는 고생물학자의 의견을 보고하기도 했다.

그것의 본질과 상관없이 경매장 카탈로그에는 "전례 없는 크기의 매우 인상적인 표본"이라고 정의되어 있다. 마음을 움직이는 발견은 검은색 대리석 블록으로 지지되는 네 부분으로 이루어져 있다. 당연히 유리 상자에 담긴 채 전시된다. 물론 거실에 두지 못할 이유도 없지 않을까? 울퉁불퉁한 사무라이 검을 닮은 물체를 보고 손님들이 놀라는 모습을 상상해보라. 어쩌면 첫 데이트 때 이것을 가지고 놀고 싶은 유혹을 받을 수도 있다. 우리 집에 와서 거대한 코프롤라이트 안 볼래요? 아니, 이건 절대 안 먹힐 것이다.

슬픈 운명으로부터의 구출

이 책을 읽음으로써 당신은 아마도 많은 동료 책들에 예정된 슬픈 운명에서 그것을 구해낸 것일지도 모른다. 이탈리아 통계청Istat 자료에 따르면 이탈리아에서는 2014년에 1억 7,000만 권의 책이 인쇄되었는데, 평균적으로 1인당 3권 조금 안 되는 양이다. 이탈리아인들의 낮은 독서 성향을 생각하면, 인쇄 부수에 대한 출판사의 관심이 증가하고 있음에도 불구하고, 인쇄된 책의 일부는 불행히도 폐지로 끝날 수밖에 없다.

책을 위한 묘지의 대기실은 마르코 치칼라Marco Cicala가 '책의 무덤이 있다'라는 제목의 기사에서 묘사한 대로, 수백만 권의 책이 그들의 운명을 기다리고 있는 커다란 저장소이다. 운이 좋은 것들은 새 삶의 기회를 가지겠지만, 다른 것들은 폐지로 끝날 것이다. 네 개의 독립 출판사가 시작한 '마체로 노Macero NO(폐지용 수조 NO)' 캠페인과 같이 이러한 폐기물에 반대하는 다양한 운동이 일어나고 있다. 수많은 무고한 책을 파쇄로부터 구하고 소중한 자원의 낭비를 줄이기 위한 안전한 해결책이 있다. 더 많이 독서하는 것이다!

신문은 어쩔 도리가 없다.
그러나 책은… 읽으면
구할 수 있다!

테스타초산

비록 유명한 일곱 언덕 콘치타디니concittadini보다는 인기가 덜하지만, 54m의 높이를 가진 로마의 테스타초산Monte Testaccio은 비안코Bianco와 구별되는 과장된 이름을 자랑한다. 만약 그 크기가 별로 감명을 주지 않는다면, 그 평판은 사실 그것의 흥미롭고 흔하지 않은 역사에 기인하는 것이며, 그 전통은 대중적으로 알려진 이름에 나타나 있다. 바로 데이코치산Monte dei Cocci(도기 파편의 산이라는 뜻 — 옮긴이)이다. 티베르강 유역에 있는 고대 로마 항구 근처에 위치한 이 언덕은 인공적인 것이다. 사실 그 경사면은 엄청난 양의, 라틴어로 testae라 불리는, 토기 파편 더미로 덮여 있다(그래서 그런 이름이 붙은 것이다).

도기 파편들은 고아한 부스러기들과 함께 근처 항구에서 나온 것이다. 이들 중 대부분은 암포라amphora(목이 길고 바닥이 뾰족하며 손잡이가 두 개 달린 항아리 — 옮긴이)였고, 상품을 운송하는 데 사용된 후 매립지인 그 지역에 쌓인 것이다. 버려진 암포라는 전형적으로 기름을 함유하고 잔류물에서 나는 썩은 냄새 때문에 재사용할 수 없었다. 어느 정도 쌓이면 위생을 위해 석회로 덮었는데, 이것이 구조를 강화했다. 아우구스투스 황제 때부터 3세기경까지 파편들이 쌓이고 쌓여 현재의 언덕이 형성되었다. 관심 있는 사람들을 위해 이탈리아 문화유산감독청Sovrintendenza Capitolina ai Beni Culturali에서 주관하는 가이드 투어와 역사적·고고학적 정보가 가득한 사이트가 있다.

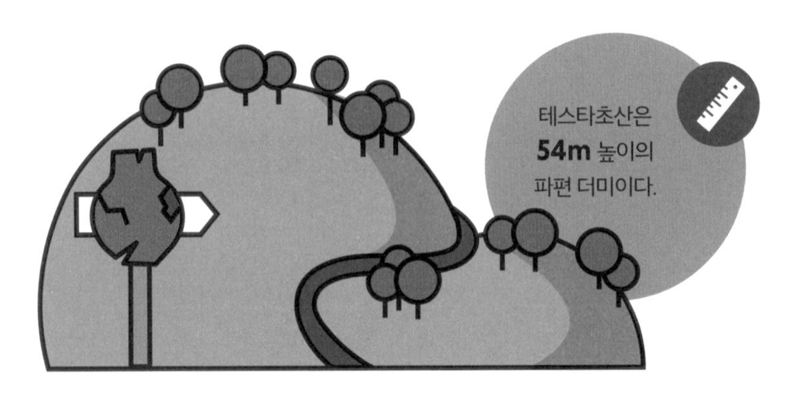

슈트베르크 또는 잔해의 언덕

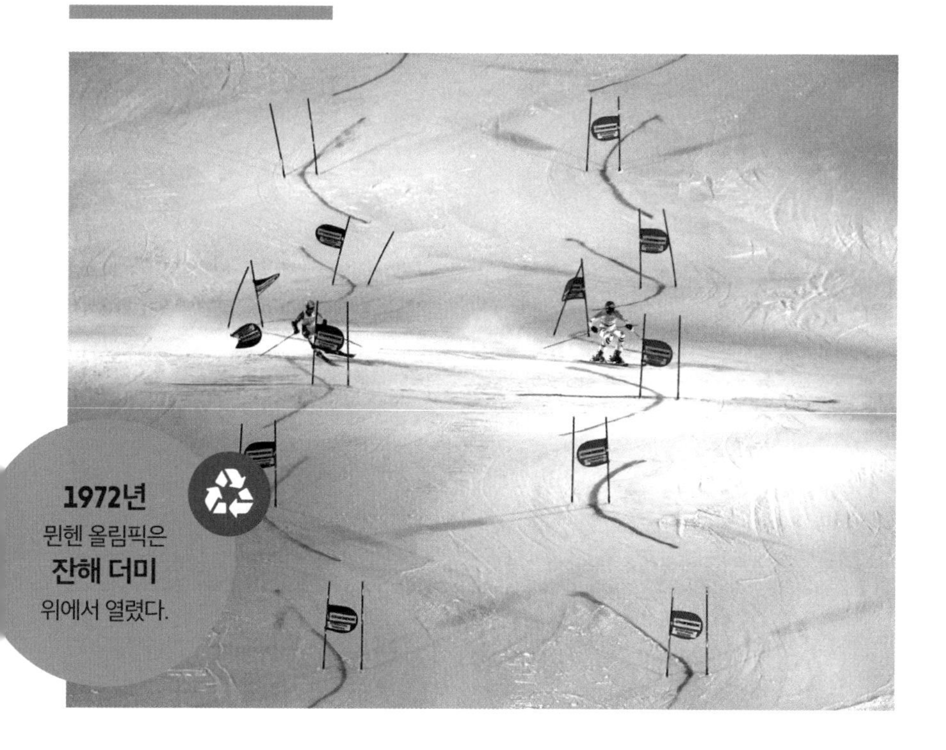

1972년 뮌헨 올림픽은 **잔해 더미** 위에서 열렸다.

일부 독일 도시의 풍경은 자연의 작품이 아닌 인간이 만든 부드러운 언덕이 특징이다. 그것은 소위 독일어로 잔해의 언덕이란 뜻을 가진 슈트베르크Schuttberg이다. 많은 것이 제2차 세계대전 후에 만들어졌다. 독일의 도시들이 겪었던 폭력적인 폭격에 의한 잔해물을 사용한 것이다. 잘 알려진 것들은 뮌헨에 있으며, 그중에서 1972년 올림픽을 위해 지어진 올림피아파크 안에 위치한 올림피아베르크Olympiaberg가 있다. 여기에는 1971년 개통한 도시 지하철 터널을 팔 때 나온 파편들도 포함된다. 기념비는 폭격으로 사망한 민간인들을 상기시켜준다. 약 60m 높이의 언덕 꼭대기에 서면 뮌헨의 아름다운 전망을 즐길 수 있다.

사카, 그것은 여성용 백이 아니다

나중에 베네치아라는 도시가 될 베네타 석호의 첫 번째 정착지는 5, 6세기로 거슬러 올라간다. 그러나 역사가 풍부한 이 지역 중에 새로운 섬이 있다. 산마르코 광장에서 남쪽으로 2km 떨어져 있으며 석호의 한가운데 자리 잡고 있는 사카 세솔라Sacca Sessola섬이다. 이 섬은 녹지가 풍부하고 가장 넓은 석호에 자리하고 있으며 표면적이 약 16ha에 달한다.

사카 세솔라는 1870년에 지어진 인공 섬이다. 베네치아 항구를 위한 운하를 팔 때 나온 부산물로 만들어졌으며, 세월이 흐르면서 현대화되고 확장되었다. 오랜 세월 폐질환 병원이 자리 잡고 있었으나 지금은 호텔이 들어서 있다. 그 이름의 어원이 흥미롭다. 베네치아에서 사카sacca(표준 이탈리아어에서는 가방, 배낭을 뜻하는 단어이기도 하다 ― 옮긴이)라는 말은 석호 지역, 특히 분지를 가리킨다. 이곳은 종종 건물이나 운하 굴착에서 나온 폐기물을 버리기 위해 사용되었다. 그것들이 완전히 매립되면 대부분 진짜 인공 섬이 된다.

한편 세솔라sessola는 베네치아 사람들이 보트 바닥에 고인 물을 제거하는 데 사용되는 특정한 노 모양의 막대기를 가리키는 방언이다. 사카 세솔라섬의 이름은 이 물체의 전형적인 모습에서 비롯되었다. 베네치아 석호에는 다른 주머니sacca도 있다.

매장되지 않은 사카 델라 미제리코르디아Sacca della Misericordia는 커다란 직사각형 모양 분지로, 무라노Murano 바로 앞에 있는 역사적인 중심지의 북쪽 부분으로 열려 있다. 이 사카에서는 과거에 배를 건조하는 데 사용된 통들을 모아서, 강을 따라 카도레Cadore 숲에서 석호까지 수송했다. 사카 피솔라Sacca Fisola와 사카 산 비아조Sacca San Biagio 또한 사카 세솔라처럼 인공적으로 형성된 섬이다.

이 모든 섬은 어떻든 그들의 존재를 쓰레기에 빚지고 있다. 그중에서 그 기원을 숨기지 못하고 문에 지워지지 않게 방언 이름이 새겨진 사카 산 비아조는 베네치아 말로 '쓰레기'라는 뜻의 스코아세Scoasse섬으로 알려져 있다. 기데카Giudecca섬 서쪽 끝에 있는데, 1930~1950년에 매립지의 쓰레기가 쌓여 만들어진 것이다. 1973~ 1985년에는 그곳에 소각장도 있었다.

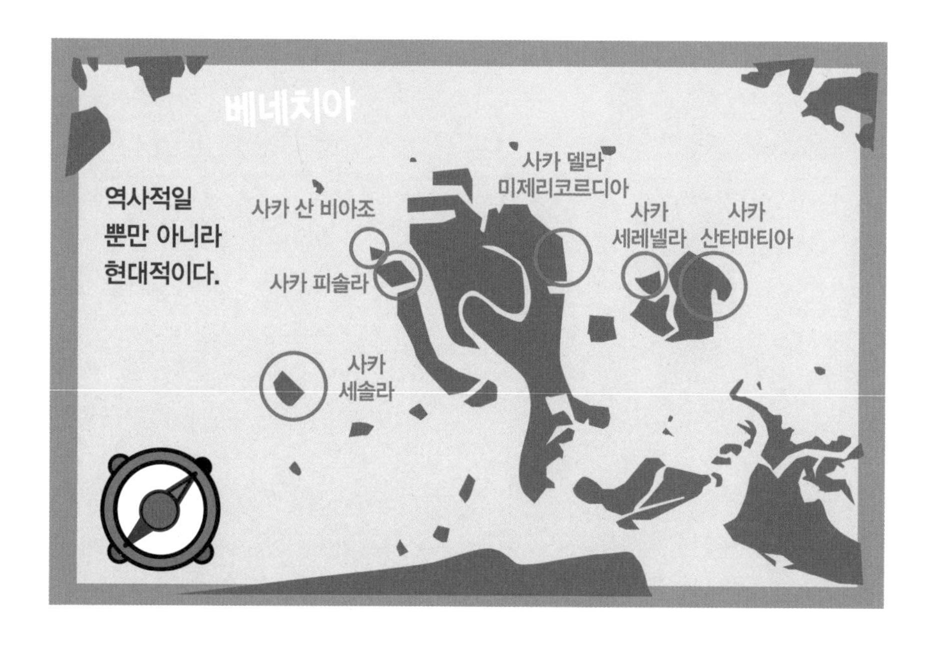

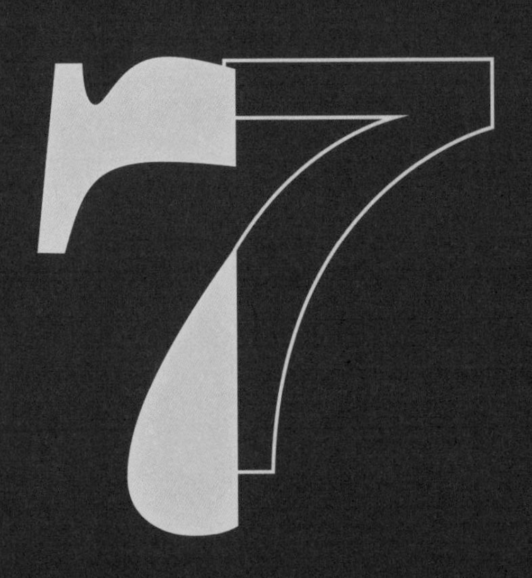

그것들을 먹는다

철학자 루트비히 포이어바흐가 말했듯이,
만약 사람은 바로 그가 먹는 것이라면,
사람은 바로 그가 버리는 것이라고도 할 수 있지 않을까?
이런 경우 전 세계 수억 명의 사람에게는 음식이 충분하지
않은데도 매일 음식을 버리는 우리의 파렴치함은 우리에게
무엇을 말해주는가? 먹이로 잘못 알고 먹은 동물을 죽게
하는 플라스틱 쓰레기는 우리에게 무엇을 말해주는가?
다행스럽게 유익한 역사도 있다.
그것은 음식 재료의 의식적인 관리와 남은 음식물을
활용해 별미를 만드는 옛 전통에 점점 더 많은 주의를
기울이는 것에 대해 이야기한다.

음식물 쓰레기를 거부하다

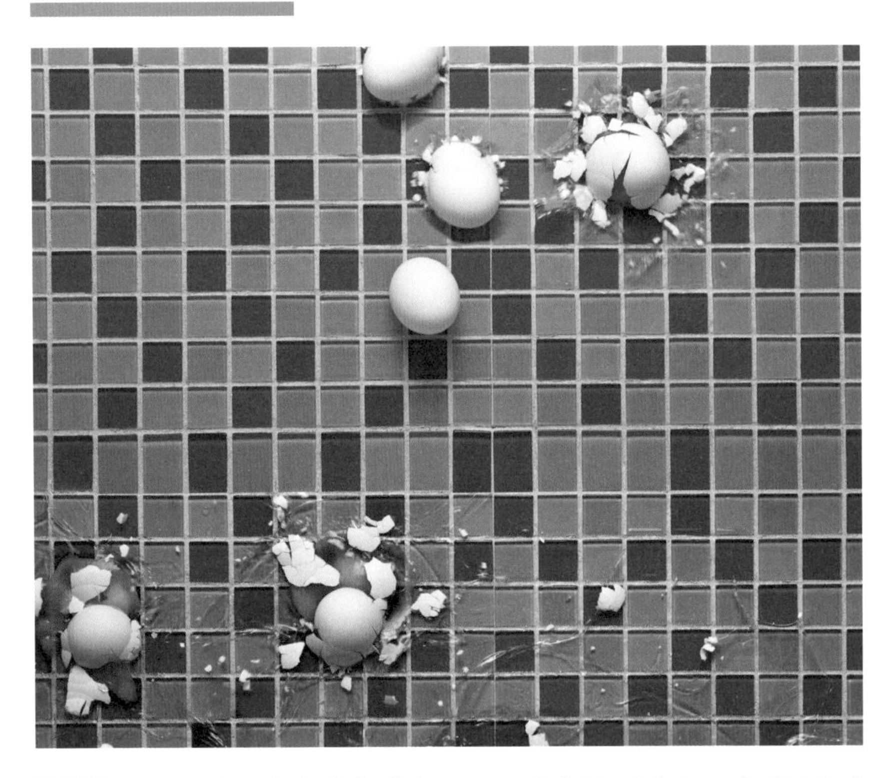

매일 우리는 아침, 점심, 저녁 식사를 준비할 때, 2인분이 필요한데도 여분으로 1인분을 더 준비한다. 둘이 있다면 3인분을, 넷이 있다면 6인분을 준비한다. 그러나 여분의 음식은 테이블 위에 올라가지 않는다. 우리는 그것에 손도 대지 않고 곧바로 쓰레기통으로 던져버린다. 여기에 뭔가 영향을 줄 수 있겠지만 고안된 것은 아무것도 없다.

국제식량농업기구FAO의 연구에 따르면 이런 일은 세계에서 매일 일어나며, 인간 소비를 위해 생산된 식품의 3분의 1, 즉 1년에 13억 톤이 생산자에서 소비자로 가는 공급망을 따라가면서 손실되거나 버려진다. 약 10억 명의 사람이 충분한 식량자원을 갖지 못하고 있다. 유럽에서 버려지는 음식만으로 2억 명을 먹일 수 있다는 점을 생각한다면 이는 수치스러운 양이다.

낭비하면 환경과 경제 측면에서 모두 막대한 비용이 소요된다. 이탈리아에서는 매년 수백억 유로에 달하는 1,000만 톤 이상의 음식물이 쓰레기로 버려진다. 다행히 이 문제에 대한 관심이 개인적, 제도적 차원에서 커지고 있다. 2016년 의회가 승인한 법령 166호는 많은 주목을(심지어 해외에서도) 끌었다. 이 법에는 '사회적 연대와 쓰레기 줄이기를 위한 식품 및 의약품의 기증과 분배에 관한 규정'이 포함되어 있다. 새 법은 핵심적인 목표가 있다. 모든 종류의 쓰레기를 줄이는 것을 촉진하고, 공급망 전체에서 잉여식품(뿐만 아니라 이 조항은 약물 및 의복에도 영향을 미친다)을 제공하고, 변형시키고, 재분배하는 것을 최대한 용이하게 하는 것이다. 이 법은 상업과 생산활동에 대한 낭비 세금에 기증된 식품의 양에 비례해서 할인을 적용함으로써 도덕적인 행동을 권장하는 것을 목표로 한다. 식당에서 다 먹지 못해 남긴 음식을, 외국에서는 흔히 도기백doggy bag이라 부르는 특수 용기에 담아서 집으로 가져가는 것도 장려된다.

2015년 밀라노 엑스포에서는 음식물 쓰레기 문제에 대해 또 다른 움직임이 시작되었다. 암브로시아식 식당 레페토리오 암브로시아노Refettorio Ambrosiano가 "잉여에서 탁월로. 낭비와의 투쟁, 연대의 문화"라는 슬로건을 내걸고 출범한 것이다. 이 운동은 요리사 마시모 보투라Massimo Bottura, 예술 총감독 다비데 람펠로Davide Rampello, 자선단체 카리타스 암브로시아나la Caritas Ambrosiana, 밀라노 공과대학 및 수많은 예술가의 협력으로 탄생했다. 밀라노 그레코구區에 있는 오래된 극장이 재건축되어 어려움에 처한 사람들에게 음식을 제공하는 식당으로 탈바꿈했다. 2015년 밀라노 엑스포에서 문을 연 이 식당은 첫 번째 기간 중에는 세계 최고의 주방장들이 함께해 과다하고 낭비되는 재료로 요리를 디자인하고 준비했다. 엑스포가 끝난 뒤에도 식당은 계속 운영되었다.

충분히 먹을 수 있는데도
수치스러울 정도로 많은
음식물이 쓰레기로 버려진다.
잘못은 생산자부터
소비자까지 모든 사람에게 있다.

셰프 자크 라 메르드

성공을 가져온 조리법은 값싼 재료와 패스트푸드에서 남은 정크푸드에 가까운 음식을 기반으로 한다. 그 명성의 비밀 재료는 오랫동안 엄격하게 유지된 익명성이었다. 요리사의 정체는 불과 얼마 전에 밝혀졌다. 그러나 자크 라 메르드 Jaques La Merde(merde는 프랑스어로 '똥'이란 뜻—옮긴이)는 진짜로 누구이며 왜 그렇게 유명해졌을까? 그의 요리는 세계 최고 요리사들의 요리 스타일로, 분명히 식욕을 돋우고 정성이 들어간 버려진 음식부터 반쯤 녹은 마시멜로까지, 있을 법하지 않은 재료로 만들어진다. 아이디어는 일종의 게임으로 탄생했다. 크리스틴 플린Christine Flynn, 일명 셰프 라 메르드를 인스타그램(@chefjacqueslamerde)의 유명 인사로 변모시킨 이 게임은 더 건강한 식사와 음식물 쓰레기의 개념을 반성하기 위한 캠페인을 되살리는 데 도움이 되었다.

거의 쓰레기인 내용물을 위한 완벽한 미학

@chefjacqueslamerde

차이를 만들기 위해 쓰레기를 먹는 것? 당신은 할 수 있다

쓰레기통을 뒤져 쓰레기를 먹으면 세상이 바뀐다. 그것은 프리건freegan들의 기묘한 잠언이다. 트리스트럼 스튜어트Tristram Stuart가 이끈 이 사회적 재생 운동은 영국에서 시작되어 몇 년 만에 전 세계로 퍼져나갔다. 아이디어는 혁명적일 만큼 간단하다. 우리는 너무 많은 음식을 낭비하고 있으며, 종종 완벽하게 먹을 수 있는 음식이, 그것이 가장 필요한 사람들의 손을 벗어나 쓰레기통에서 발견되고 있기 때문에 여기서부터 시작해 불평등을 바로잡을 필요가 있다는 것이다.

프리건들에 따르면 버리기는, 지각없이 정한 기준 때문에 불량품이 되어버린 음식물의 생산, 교역, 소비에 기초한 사회적 부조리의 전 지구적 연결

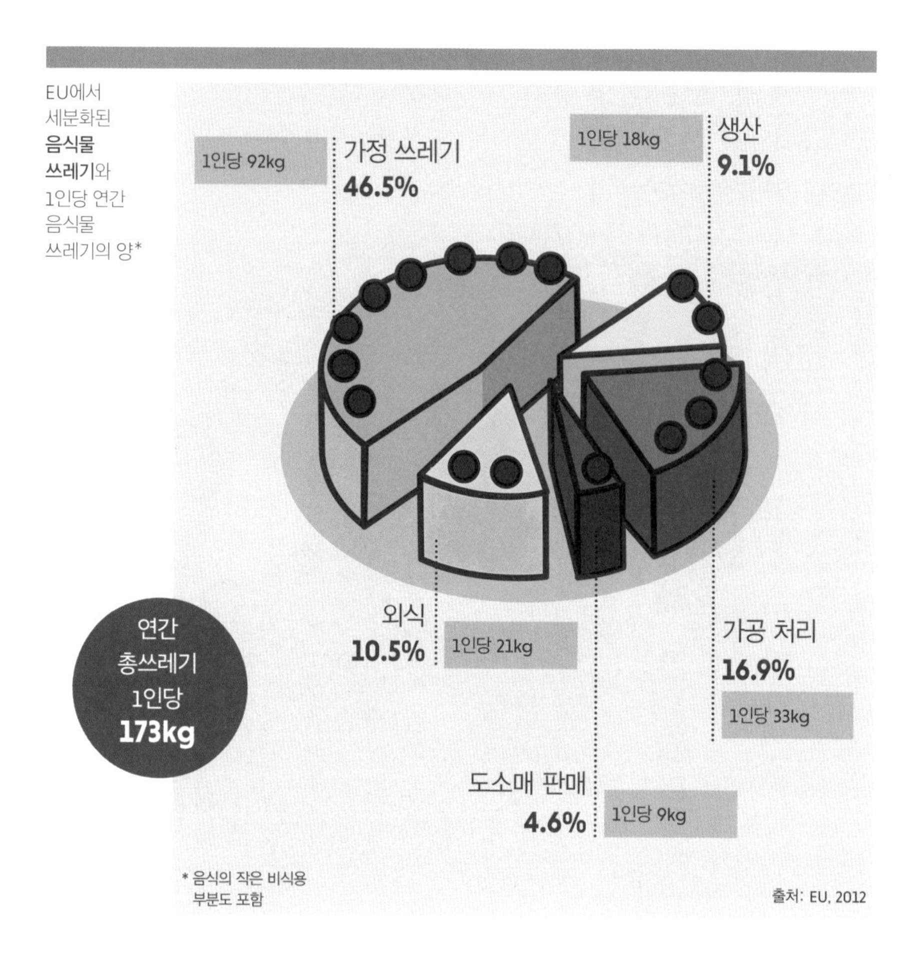

망의 마지막 연결고리다. 바나나, 당근 및 애호박의 길이와 지름을 측정하는 기준 같은 것 때문에 너무 짧거나 가늘거나 곧지 않은 것들은 밭에 썩도록 내버려진다.

'버리기'는 가진 자와 못 가진 자 사이의 차이를 잔인하게 구분 짓고, 오염을 일으키며, 사실 그 자체만으로도 자연자원과 사람을 무차별적으로 착취하는 데 기반을 둔 경제 모델을 지탱할 수 있는 행동이다. 이런 것들을 바꾸려면 어디서부터 출발해야 할까? 프리건(free[공짜]+vegan[채식주의자])들은 체제의 공범이 되지 않기 위해 최소한의 비순응주의로 정의될 수 있는 삶의 양식을 받아들였다.

프리건은 그들이 먹을 음식을 사지 않는다. 그들은 항의의 행동으로서 식품 체인에서 버려진 음식들을 줍는다.

프리건들은 사지 않고 (일반적으로는 쓰레기통이지만, 농촌이나 시장 쓰레기에서도) 수거한 뒤, 그것들을 분별하고 복원해 재활용한다. 그들은 공동체 사회에 살면서 돈을 절약하고, 서로 도우며, 교통수단을 갖지 않는다. 그들은 체계적인 낭비와 착취에 기반을 둔 것과 다른 일의 개념으로, 재화에 무관하게 서비스를 제공하고 받을 수 있는 도구로서 시간은행을 권장한다.

정치적이거나 학술적인 것을 포함해 모든 입장에서 그의 명분을 변호하기 위해, 수상 경력을 가진 트리스트럼 스튜어트Tristram Stuart는 엄청난 양의 데이터를 수집하고 고찰했다. 그중 가장 인상적인 데이터는 영국과 미국 가정에서 매년 버려지는 육류와 유제품을 생산하기 위해 과도한 양의 농경지(830만ha)가 필요하다는 것이다. 스튜어트에 따르면 먹지도 않을 식품을 기르기 위해 전 세계적으로 사용되는 물은 90억 인구의 물 소비를 충족시키기에 충분한 양이다. 90억은 2050년 지구에 거주할 것으로 추정되는 사람의 수와 같으며, 그들은 심각한 물 위기로 어려움을 겪게 될 것이다.

밭에서 시작해 식탁에 이르는 전체 생산 체인을 재고하기 위해 혁명이 필요한 것은 아니라고 프리건들은 말한다. 그저 간단한 상식이 조금 필요할 뿐이다. 스튜어트가 수집하고 배포한 자료에 따르면 영국에서는 채소와 과일의 20~40%가 슈퍼마켓의 선반에 올려놓기 위해 엄격하게 정해진 상품의 크기와 모양 같은 장식적인 기준을 만족시키지 못해, 유통 체인에 들어오지도 못하고 산지에서 버려진다. 이것들은 먹을 수 있는 완벽한 식품이지만, 농부들은 그것들이 팔리지 않는다는 것을 알기 때문에 수확하지 않고 밭에서 썩게 내버려둔다.

이런 이유로, 프리건들은 수확 후 들판에 남아 있는 채소를 수집해 가난한 사람들에게 나눠주기 위해, 영국에서 이삭줍기 운동을 재도입하기로 결정했다. 이삭줍기는 명백히 농업 폐기물의 해결책이 아니며, 쓰레기통에서 음식을 모으는 것은 도시 쓰레기의 해결책 이상이 될 수 없다. 따라서 프리건들의 행위는 시범적인 것 이상으로, 대중과 농민, 대형 소매업체 그리고 궁극적으로 정부의 인식을 높이는 것을 목표로 한다.

찻잔 속의 단맛

커피는 스웨덴의 의사이자 과학자였던 카를 린네Carl Linné(1707~1778)가 처음으로 분류한 코페아Coffea속屬 열대 나무의 씨앗에서 얻은 것이다. 우리 모두 검고 쓰며 향이 나고 활력을 주는 성질이 있는 이 음료가 뭔지 알고 있다. 그러나 블랙 아이보리 커피에는 뭔가가 더 있다. 태국 메콩강 강안江岸 지역에서는, 커피나무의 씨를 빻아서 가루로 만들기 전에, 열매 형태로 코끼리에게 먹인다. 그런 다음 하루나 이틀 뒤 배설물 속에서 그것을 회수한다.

이 '처리'는 더 달고 맛있는 커피를 산출하는 것처럼 보인다. 태국을 지나갈 기회는 없지만 그것을 맛볼 기회를 거절하고 싶지 않다면 블랙 아이보리 커피를 온라인에서 1kg에 1,800달러(한 컵에 50~60달러) 가격으로 구입할 수 있다. 블랙 아이보리 커피 1kg을 생산하기 위해서는 33kg의 커피 열매가 필요하고, 2015년 총생산량이 150kg에 불과했다는 사실을 알고 나면 이 가격이 쉽게 이해될 것이다.

이 플라스틱 맛있겠는걸!

100%의
바다거북이 일생에
한 번은 플라스틱을
먹는다.

작은 조각을 위한 단계. 마이크로 플라스틱과 나노 플라스틱은 완전히 보이지 않을 정도로 작아질 수 있다. 따라서 그것들이 물에 떠다닐 때 왜 물고기나 해양동물이 실수로 그것을 먹을 수 있는지는 명확하다. 앨버트로스, 바다거북, 바다사자와 고래의 사체에서 발견되는 병, 컵, 용기, 장난감 조각, 봉지 및 믿기 어려울 정도로 많은 큰 물체는 어떨까?

유엔환경계획UNEP와 그리드-아렌달Grid-Arendal(지구연구정보 데이터베이스-아렌달)의 「해양 쓰레기 바이털그래픽스Marine Litter Vital Graphics」 보고서에 따르면 59%의 고래, 40%의 바닷새, 36%의 물개와 100%의 바다거북이 그들이 살아가는 동안 다양한 유형의 플라스틱을 먹는다.

바닷속 플라스틱이 해양동물의 먹이가 되는 것은 막대한 양 때문만이 아니라 맛 때문이기도 하다.

그런데 무엇 때문에 이 동물들은 소화가 전혀 되지 않는 물질을 자발적으로 삼키는 것일까? 몇 년의 연구 끝에 마침내 과학은 그 질문에 대한 답을 찾아냈다. 문제의 책임은 디메틸 황화물이라 불리는 일부 플라스틱에 첨가되는 물질에 있다. 이것이 동물들을 죽음의 식단으로 몰고 간다. 디메틸 황화물은 인공적으로 합성되는 것 말고 자연에서 조류와 플랑크톤에서도 생산된다. 따라서 동물들은 플라스틱에서 먹이 같은 냄새를 느끼는 것이다.

디메틸 황화물은 양배추 같은 냄새가 나고, 우리가 순무, 아스파라거스, 양배추, 옥수수, 연체동물을 요리할 때도 발생한다. 플라스틱에 존재하는 디메틸 황화물의 맛있는 냄새로 인해, 동물들은 혼란을 일으켜 맛있는 것으로 착각하고 먹는 것이다. 플라스틱 물질은 그것을 섭취했을 때 내부기관과 화학적으로 상호작용하지 않는다(지금까지 이러한 증거는 없다). 그러나 장기간에 걸친 영향은 기계적인 것이다. 만약 위 속에 존재하는 플라스틱 양이 어떤 수준을 넘어서면 그 동물은 더 이상 실제 음식을 소화할 수 없어 결국 굶어 죽는다.

영연방과학산업연구기구CSIRO와 런던 임페리얼 칼리지의 연구에 따르면 2050년이 되면 조류종의 99%가 플라스틱을 먹을 것이다. 연구원들의 기록에 따르면, 1960년에는 위장에 플라스틱이 존재하는 바닷새가 5% 미만이었다.

현재 추세가 확고하다면 봉지, 병뚜껑, 어망 및 합성섬유를 먹은 많은 수의 동물에게 그 결과는 치명적일 것이다. 연구자들은, 새들은 해양생태계의 건전성에 대한 우수한 지표이며, 일부 새들의 위장 안에서 크기와 색상이 다른 플라스틱 조각이 200개 넘게 발견되었다는 점을 고려한다면, 불행하게도 결론을 도출하기 쉬울 것이라고 말한다.

이런 추세는 비록 강력하지만, 폐기물 관리를 개선하고 플라스틱이 바다에 도달하는 것을 방지한다면, 미래에 반전을 이룰지도 모른다. 유럽에서(연구자들이 연구서에 항상 쓰듯이) 새로운 환경 정책이 10년 만에 바닷새의 위장에서 발견되는 플라스틱의 감소를 이끌었다. 앨버트로스의 죽음을 막기엔 너무 적지만 이런 과정을 역전시킬 수 있다는 희망을 주기엔 충분하다.

새로운 환경 정책으로 플라스틱을 먹는 동물의 죽음을 줄일 수 있다.

우리 모두 어느 정도는 식분증인가?

식분증coprophagy은 (자신 또는 다른 동물의) 대변을 먹는 동물 행동을 말한다. 식분 동물은 일반적으로 그렇지 않으면 동화할 수 없는 이미 소화된 채소나 그들의 먹이에서 부족하거나 완전히 결핍된 다른 영양소를 섭취하기 위해 대변을 먹기로 선택한 것이다. 인간에게서는 이러한 유형의 행동이 대개 정신분열증 같은 정신 장애와 관련 있다.

'coprophagy'라는 말은 그리스어에서 '변'을 뜻하는 'kópros'와 '먹다'는 의미의 'phagein'에서 나온 것이다. 따라서 이러한 행동은 고대부터 잘 알려져 있으며, 실제로 많은 종에서 볼 수 있는 전형적인 행동이다.

그중 가장 유명한 것은 아마도 쇠똥구리일 것이다. 쇠똥구리는 자기가 먹을 똥을 운반하기 위해 공 모양으로 다듬은 다음 종종 긴 여정을 밀고 간다. 심지어 파리, 생쥐, 나비와 돼지, 친칠라, 고릴라와 개를 포함하는 다른 많은 동물도 배설물을 통상적으로 또는 이따금 먹을 수 있다.

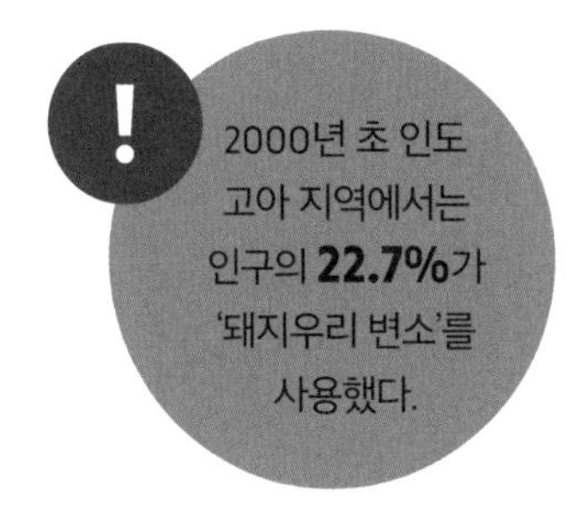

개들의 경우는, 주인은 이에 질색하지만, 다른 건강한 동물의 배설물을 섭취한다. 특정한 영양소를 섭취하거나 장내 미생물의 균형을 재조정할 필요성이 있기 때문이다. 이 원리는 인간 레벨에서의 대변이식에 적용된 것과 같다. 이것은 건강한 장에 살고 있는 (대변 속) 미생물을 이식함으로써 숙주의 미생물군을 재조정할 수 있다는 사실에 기초한다. 일단 안정화되면 장내 미생물들은 점진적으로 번식해 병든 장을 균형 잡힌 상태로 되돌려놓는다.

일부 동물의 배설물에 대한 이런 기호嗜好는 오랜 시간 다양한 방법으로 활용되었다. 예를 들어 일본, 중국, 인도에서는 수십 년 전까지 돼지우리 바로 위에 지어진 '돼지우리 변소(제주도에서는 돝통시라고 한다-옮긴이)'를 사용했다. 사람의 배설물이 우리에 떨어져 돼지들이 그것을 먹게 함으로써 낭비를 없앴다. 베트남에서는 비슷한 구조의 수조를 사용하기도 했다. 이것은 확실히 멀리 떨어진 관습의 문제가 아니다. 물 위생 프로그램Water Sanitation Program의 조사에 따르면 인도의 고아와 케랄라 지역에서는 2005년에도 여전히 인구의 22.7%가 이런 형태의 화장실을 사용하고 있었다.

만약 이런 생각이 당신에게 어떤 충격을 준다면, 미국에서는 농장 동물에게 닭의 배설물을 사료로 주는 것이 허용되어 있다는 사실을 생각해보라. 이와 나란히 닭들에게는 다진 뼈와 다양한 가축의 부산물(새로운 규칙은 동물의 뇌와 골수를 사료에서 제외했다)을 먹였다. 이것은 이로 인해 광우병이 발생했을 거라고 생각되는 관행이다.

이런 식으로, 이런 동물들을 먹는 인간도 간접적으로 …을 먹고 있는 것이다. 식분증은 병적인 호기심을 자극하는 것 외에도 그 자체로 내밀한 매력을 갖고 있음이 틀림없다. 문학, 영화, TV에서 그런 사례를 발견할 수 있다. 예를 들면 마르키 드 사드Marquis de Sade의 『소돔의 120일Les Cent Vingt Journées de Sodome』(1785)과 16세기 프랑수아 라블레François Rabelais의 『가르강튀아와 팡타그뤼엘Gargantua et Pantagruel』이 있고, 피에르 파올로 파솔리니Pier Paolo Pasolini의 영화 〈살로 소돔의 120일Salò o le 120 giornate di Sodoma〉이 있다.

먹지 않을 거면 사료로!

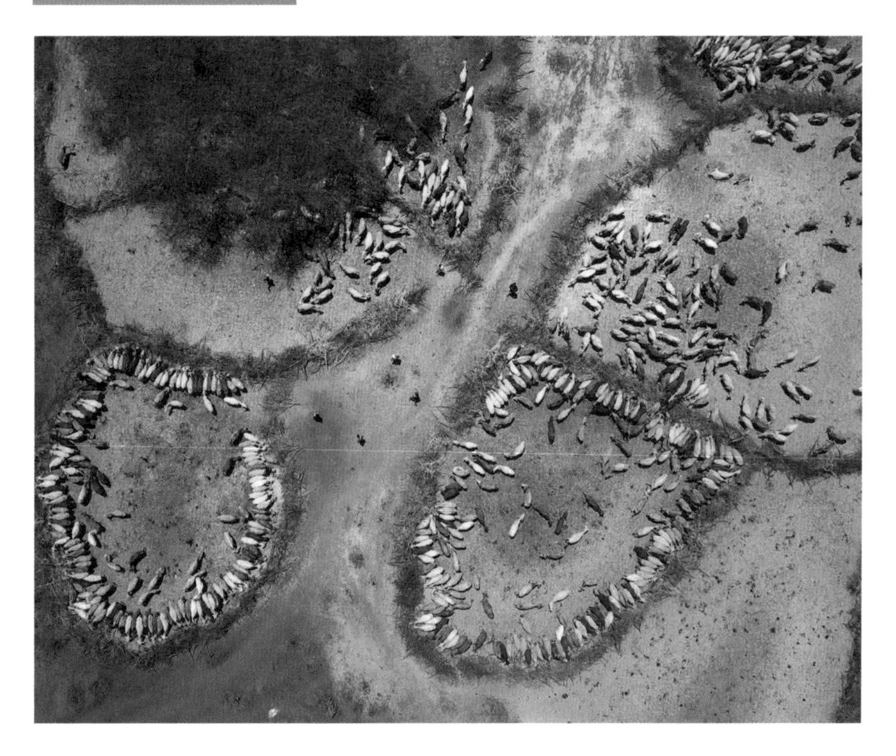

음식 낭비를 제한하기 위해 남은 음식을 도기백에 싸가는 것은 이제 모든 유형의 레스토랑에 널리 퍼져 있다. 남은 음식물은 겉으로는 피도Fido(전형적인 개 이름 — 옮긴이)에게 주는 것이지만 사실은 다음 날 우리 식탁에 올려놓기 위한 것이기도 하다.

중요한 것은 낭비하지 않는 것이다. 취약계층 사람들에게 음식을 재분배하기 위한 프로젝트가 많이 있지만, 쓰레기통에 버려지거나 더 이상 사람이 먹기에 적합하지 않을 때, 우리는 무엇을 더 할 수 있을까? 유럽에서 매년 버려지는 것을 가지고 개와 수백만의 사람 외에도 고양이, 소, 닭, 돼지 등을 먹일 수 있다. 물론 적절한 기술이 뒷받침된다는 것을 전제로 해서 말이다.

2012년에 시작되어 EU의 FP7Seventh Framework Programme 일환으로 EU로부

터 약 300만 유로를 지원받은 노샨Noshan 프로젝트는, 다양한 유형의 음식물 쓰레기(특히 과일, 채소 및 유제품)를 사용해 동물 사료와 기능성 원료 및 저비용 생리활성 물질을 생산할 수 있는 가능성을 연구한다. 이 연구는 파르마 대학교과 공동으로 수행되며, 음식물 쓰레기에 포함된 열량을 최대한 이용해 원자재로 쓸 수 있게 함으로써, 낮은 최종 가격으로 동물이 소비할 제품을 생산하고 생산에 에너지와 물이 거의 필요하지 않은 기술을 개발하는 것을 목표로 하고 있다.

따라서 노샨은 두 개의 전선에서 행동하고 있다. 한편으로는 끊임없이 증가하는 세계 인구에 직면해 농업과 축산을 위한 자원 이용 가능성이 점점 제한되고 있다는 것이고, 다른 한편으로는 사회적 폐기물에 더해 음식물 쓰레기 역시 환경적, 경제적 충격을 미친다는 것이다.

첫 번째 결과로 이 프로젝트는 기술, 경제, 안전의 관점에서 잠재적인 사료의 성분과 그것을 생산하기 위한 최선의 기술을 식별하는 데이터베이스를 만들었다. 가장 기능적이고 영양가 있는 성분의 목록 최상위에는 사탕무, 유채 및 올리브오일 폐기물이 자리한다. 식품 보존과 더불어 가공 과정에서 발생하는 주된 문제는 보통 비용이 많이 드는 처리 과정을 통해 폐기물이 먼저 처리되어야 한다는 것이다.

예를 들어 유제품의 경우 고형분을 액체와 분리해야 하는데, 이때 동물에

유통 과잉

음식물 쓰레기에 대한 인식을 높이기 위한 방안이 늘고 있다. 대규모 활동을 하는 대표적인 곳으로 이탈리아 볼로냐 대학교의 분리 독립 회사 라스트 미니트 마켓Last Minute Market이 있다. 이 회사는 많은 활동 중에서도 쓰레기를 감시하는 웨이스트 와처Waste Watcher를 관리하고 있다. 볼로냐 대학교 농식품과학기술학과와 스프레코 제로Spreco Zero(쓰레기 제로)의 리듀스Reduce 2017 프로젝트의 일부로서 SWG와 함께 환경부가 실시한 시범적인 과학적–통계적 가정일지 쓰기는 가정에서 버린 음식물을 날마다 기록함으로써 가정 쓰레기의 정량화에 초점을 맞추고 있다. 심지어 이탈리아와 해외 대형 슈퍼마켓 체인들도 잉여물 회수 운동에 참여하고 있다. 비영리 사회복지 조직인 음식 은행 재단Fondazione Banco Alimentare은 여러 식품 공급 체인(700여 개 회사가 참여하고 있다)에서 기증받은 잉여물을 재생한다. 2016년에는 110만 인분 넘는 즉석 음식을 회수했다.

게 해로운, 따라서 사람에게도 해로운 화학물질을 사용하지 않아야 한다. 반면 과일과 채소는 건조되고 안정화되어야 하며 그 과정은, 폐기물이 계단식으로 사용되어 하나의 제품이 아니라 많은 양을 얻을 때만 정말 저렴해진다.

조만간 화장품 또는 제약 산업에서 사용될 수 있는 화합물로 구성되는 고부가가치 폐기물이 나타날 수 있다. 식품 산업이나 잔류물로 사용될 수 있는 저부가가치 폐기물은 사료나 비료로 전환될 것이다. 이것은 그저 올바른 기술의 문제일 뿐이다. 같은 폐기물이 다른 방식으로 처리되면 위계가 올라가거나 내려갈 수 있다.

예를 들어 CNR 식품생산과학연구소는 토리노 대학교의 농산림식품과학과와 공동 연구를 통해, 다양한 농도의 토마토 부산물이 화장품 원료(고부가가치)로도, 토끼 사료(저부가가치)로도 사용될 수 있음을 보여주었다. 피도와 다른 애완동물에게 돌아가면, 그들을 위한 제품에서도 조만간 음식물 쓰레기와 전통적인 음식을 섞는 것이 가능할 것이다. 이것의 부가가치는 분명히 높을 것이며 개와 고양이들도 진가를 인정할 것이다.

포르마디 프란트

이탈리아 우디네주州 프리울리베네치아줄리아의 북서쪽 산악지역에 위치한 카르니아Carnia의 낙농장에서는 재활용으로 만든 별미가 생산된다. '포르마디 프란트formadi frant'라는 이것은 프리울리 지역 언어로 '짓눌린 치즈'란 뜻이다. 이 치즈는 전통농산물Prodotto Agricolo Tradizionale, PAT로 분류되고 있으며 카르니아에서 자랑할 만하다.

포르마디 프란트는 그 지역을 특징지었던 빈곤과 고립이라는 맥락에서 아주 오래전에 태어났다. 거기에는 '아무것도 버리지 않는다, 특히 생존에 이용될 수 있는 거라면'이라는 농민의 지혜가 깃들어 있다. 포르마디 프란트는 이러한 재사용 철학과 잠재적인 쓰레기가 어떻게 기회로 바뀔 수 있는지

에 관한 흥미로운 예이다.

그 지역 농민 경제는 젖소의 사육과 우유와 치즈의 생산에 기반하고 있었다. 그러나 모든 형태의 치즈가 조미하여 보존할 수 있는 것은 아니었다. 어떤 것들은 잘못 만들어지거나 부풀어 오르거나 껍질이 갈라졌다. 게다가 그것은 빨리 소비할 수도 없었다. 하지만 내버리는 대신 목동들은 그것을 슬라이스나 입방체 또는 비늘 모양으로 잘게 썰어서 함께 섞었다. 소금, 후추, 우유가 여러 가지 다른 분쇄된 치즈 혼합물frant에 첨가됨으로써 다른 풍미와 숙성도를 가지게 되었다. 이 혼합물에 맛을 더하기 위해 크림을 추가해서 반죽한 다음 다시 틀에 넣어 모양을 잡아 서늘한 곳에서 약 40일간 숙성시켰다.

최종 제품은 미각에 즐거움을 준다. 이 특별한 치즈는 다양한 유형으로 만들고 생산자마다 다르기 때문에 항상 맛이 다르다. 프란트는 다채로운 풍미와 향이 집중되어 있으며, 어떤 것은 강하고 어떤 것은 톡 쏘는 맛을 가진다. 크림의 미묘함이 모든 것을 하나로 묶어준다. 요컨대 미각을 위해서도 재활용은 환영이다.

포도 껍질에서 그라파까지

포도를 먹을 때 종종 껍질과 열매 속에 들어 있는 작은 씨앗은 버려진다. 그러나 이 찌꺼기들은 또한 세상에 잘 알려진 증류주 그라파를 만드는 데 필요한 구성 원료이다. 그라파는 사실 껍질과 씨를 으깬 찌꺼기를 발효하고 증류하는 복잡한 과정을 통해 생산된다. 그리고 발효 전의 포도 원액을 사용하는 포도 브랜디나 곡물과 감자에서 나오는 보드카 같은 증류주와 달리 그라파를 특징짓는 것은 바로 이 찌꺼기이다.

주목하시라! 그라파는 이탈리아에서 만들어진 것이다. 2016년 1월 28일 농림식품부 법령에 따르면 '그라파'는 이탈리아에서 생산되고 양조된 포도에서 얻은 원재료로 이탈리아에 위치한 플랜트에서 증류하고 가공한 포도 브랜디만을 독점적으로 지칭한다.

고요한 갈매기

"대부분 갈매기에게 나는 것은 문제가 되지 않는다. 먹는 것이 문제다. 다른 한편으로 저기 저 갈매기에게는 먹이를 얻는 것이 중요하지 않았다. 얼마나 날아갈 수 있는지가 중요했다. 조너선 리빙스턴은 이 세상의 그 어떤 것보다 하늘에 떠 있는 것을 좋아했다." 리처드 바크의 유명한 소설의 주인공인 갈매기 조너선 리빙스턴에게 가장 중요한 일이 나는 것이었다면, 베네치아를 날아다니는 그의 동료들은 쓰레기를 뒤지는 것을 포함해 먹기 위해서라면 무슨 일이든 할 수 있는 '대다수'에 속할 것이다.

석호 도시 주민들은 이 사실을 잘 알고 있다. 수십 년 전부터 최근까지 베네치아 사람들이 아침에 쓰레기를 문 앞에 놔두면 수거인이 그것들을 카트로 집어 압축 보트에 던져 넣는다. 갈매기에게 황금의 순간은 쓰레기 봉지를 문밖에 놓는 때부터 쓰레기 수거인이 지나갈 때까지이다. 종종 이 탐욕스러운 물새들은 구부러진 부리와 다리로 봉지를 찢어 그 자리에서 가장 식욕을 돋우는 음식을 골라 먹고 바닥에 쓰레기를 흐트러놓아, 지나다니는 사람들이 쓰레기 사이를 불편하게 스키 타듯 할강하게 만든다.

이러한 불편은 폐기물 수집을 담당하는 시영 회사 베리타스Veritas가 규칙을 변경하면서 해결되었다. 오늘날에는 쓰레기를 더 이상 집 밖에 놔두지 않고, 초인종이 울리면 쓰레기 수거인에게 전달하거나, 오전 6시 30에서 8시 30분 사이 도시 여러 곳에 정박해 있는 압축 보트로 직접 전달하도록 되어 있다. 수십 년 동안 유효했던 시스템 안에서 사소하지 않은 습관의 변화가 청결함과 거주 적합성 측면에서 놀라운 결과를 가져왔다.

갈매기는 낭만적인 날짐승인가 지저분한 청소부인가?

그것들은 인간적이다

어떤 것과는 인연을 끊을 수 없다. 예를 들어 인간종과
동물에게 어떤 쓰레기는 제거될 수 없다. 그것은 우리를
웃게 만들기도 하지만 부끄럽게 여기기도 하는 쓰레기이다.
우리와 우리 건강에 관한 정보를 포함하고 있지만
우리는 그것을 보고 싶어 하지 않고 최대한 빨리 없애려 한다.
맞다. 지금 그것에 대해 이야기하는 것이다.
인류가 70억 명 넘고 거기에 동물들까지 더하면, 많은 양의
배설물이 있을 것이니, 그것은 주의 깊게 관리되어야 한다.
전 세계에서 적절한 화장실을 이용하지 못하는 사람이
20억 명이나 된다는 것을 생각할 때,
미래에는 더욱더 잘 관리해야 한다.

화장실 없는 세상

오늘날에는 전 세계 인구의 82%에 해당하는 60억 명이 휴대전화를 사용할 수 있다. 그러나 2015년 발표된 세계보건기구WHO와 유니세프의 합동 보고서에 따르면 현재 지구에 살고 있는 70억 명 넘는 사람 중에서 50억 명 정도만 깨끗한 화장실을 이용할 수 있다. 휴대전화를 사용할 수 있는 사람보다 10억 명 적다.

또한 거의 10억 명의 사람은 야외에서 용변을 해결하도록 내몰린다. 벽이 있는 수세식 화장실을 사용할 수 있는 세계 인구는 1990년 54%에서 2015년 68%로 증가했다. 그러나 상황은 여전히 심각하다. 이러한 결핍은 매우 심각한 건강 문제와 수많은 질병의 근원이 된다.

WHO는 설사로 사망하는 사람(매년 84만 2,000명)의 58%가 저소득 국가에 산다고 추정했다. 설사는 청결한 물, 화장실, 적절한 위생의 부재와 관련된 질병이며, 위생 상태를 개선하면 대부분 예방할 수 있다. 예를 들어 매년 5세 이하 어린이 36만 1,000명을 구할 수 있다.

우리 각자가 생존하면서 만드는 쓰레기 중 가장 많은 것, 즉 배설물을 적절하게 처리할 수 없다면 불행히도 빈곤, 질병, 낮은 삶의 질의 악순환을 조장하게 된다.

야외에서 용변을 해결하는 일이 만연한 국가들에서 영양실조 정도가 높고, 어린이 사망자 수가 가장 많으며, 사회적 불평등이 가장 심하다는 것은 우연이 아니다. 수질 역시 이 문제와 밀접하게 연관되어 있다. 적절한 화장실 가용성 문제가 해결될 때까지는 수질 문제도 불충분한 상태로 남을 것이다.

위에서 언급한 보고서에 따르면, 위생 및 청결 서비스의 향상은 벌레, 기생충 및 박테리아로 인해 15억 명의 인구가 고통받고 있는, 이른바 무시받는 열대성 질병negelected tropical diseases, NTD의 확산을 크게 감소시킬 것이다. 또한 영양실조로 인한 문제를 완화하고, 에너지와 비료를 얻기 위한 배설물 재활용을 용이하게 하며, 안전과 존엄성을 높이고, 학교 출석률을 향상시킬 것이다.

WHO-유니세프 문서에 적힌 대로 학교에 가는 여학생은 분리되고 청결한 화장실을 이용하는 것이 용이해졌다. 그러나 최근의 진전에도 불구하고 여전히 많은 것이 실행되어야 한다. 투자가 필요하다. 새로운 위생 서비스를 창출해야 하고, 관습의 변화를 자극하는 정보 알리기 캠페인이 추진되어야 하며, 극빈자까지도 이용 가능한 수단이 확실히 주어져야 한다.

유엔에서는 지속 가능한 개발 목표Sustainable Development Goals에 2030년까지 야외 배설 문제를 근절하기 위한 목표를 포함시켰다. 이것은 야심 찬 목표이다. 왜냐하면 남아시아와 사하라 사막 이남 아프리카에서는 이런 관행의 감소 비율이 현재의 두 배가 되어야 하기 때문이다. 이것은 수백만 명의 목숨을 구하고 우리의 발전을 지속 가능하게 만들기 위해 절대적으로 필요한 일이다.

적절한 위생시설이
부족하면 오염과
건강 문제가 발생한다.

전 세계 화장실 사용 실태

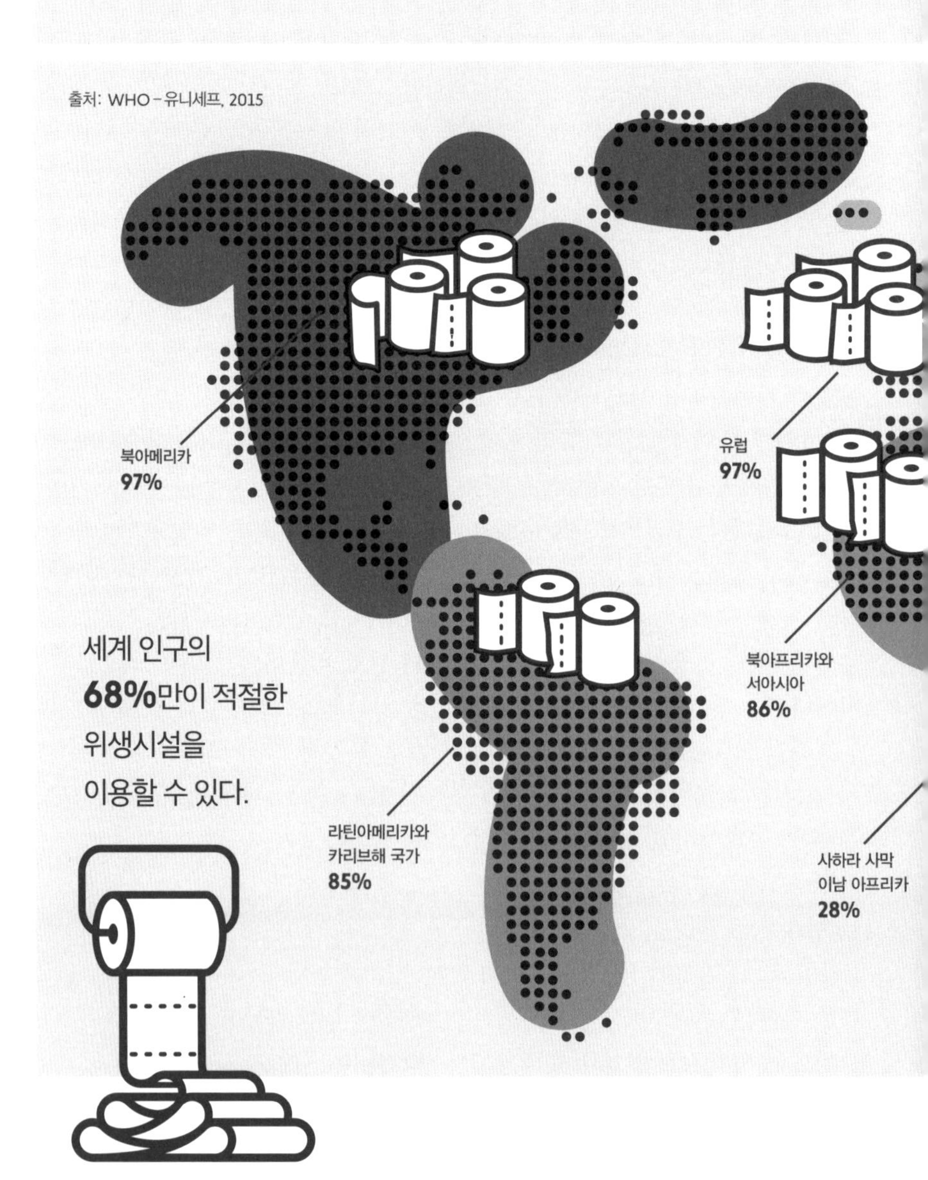
출처: WHO – 유니세프, 2015
북아메리카
97%
유럽
97%
북아프리카와
서아시아
86%
라틴아메리카와
카리브해 국가
85%
사하라 사막
이남 아프리카
28%
세계 인구의
68%만이 적절한
위생시설을
이용할 수 있다.

23억 명이 기본적인 위생시설을 사용하지 못한다.

8억 9,200만 명이 야외에서 배변한다. (구덩이, 초목 뒤, 물웅덩이)

세계 인구의 **10%**가 폐수로 관개한 음식을 먹는다.

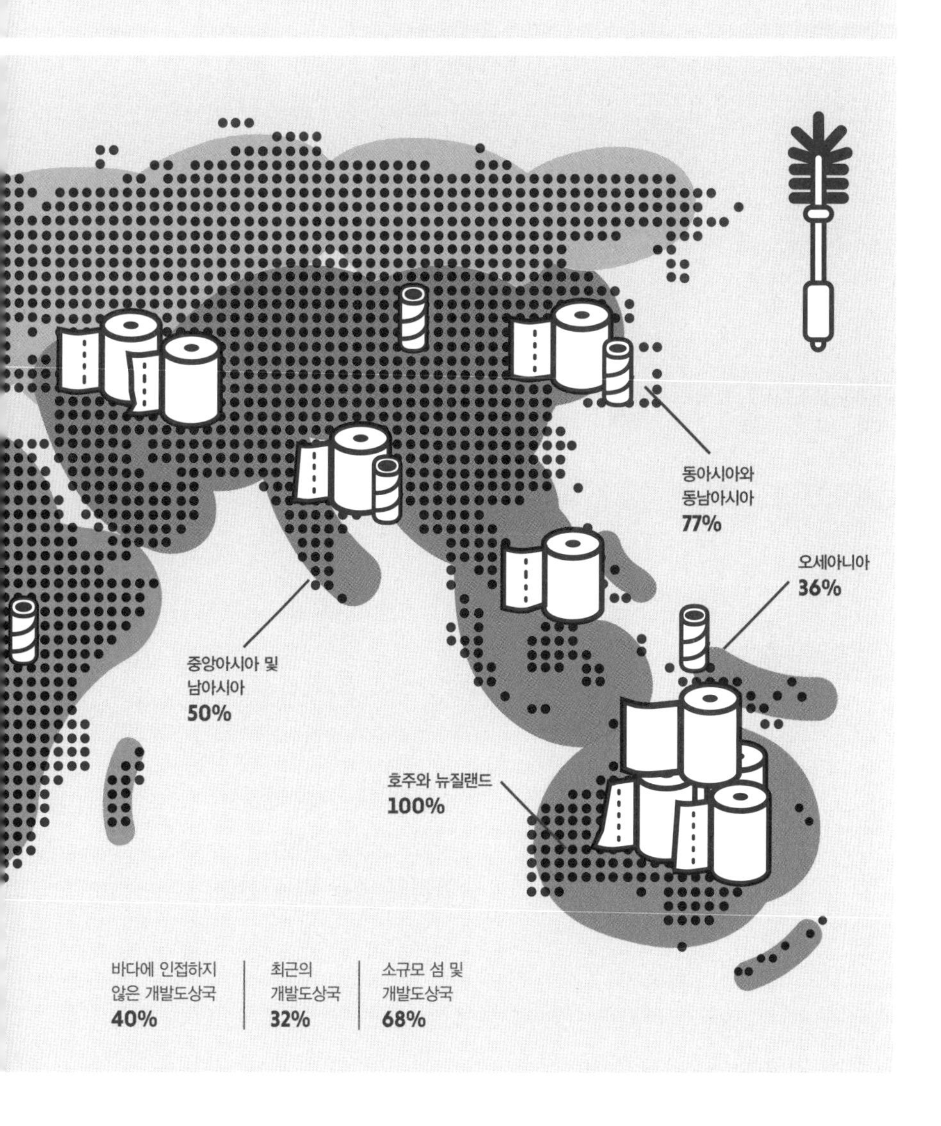

불가촉천민:
더러운 일을 하는 사람

인도에서는 아무도 평등하지 않다. 태어날 때부터. 세계에서 가장 큰 민주주의 국가이고, 중국 다음으로 지구상에서 인구가 가장 많은 나라에서, 모든 신생아는 카스트에 속함으로써 사회의 일부가 되고 죽을 때까지 카스트의 일원으로 남는다.

인도의 불가촉천민은 국민 건강을 위해 어렵고 힘든 일을 한다.

그가 속한 카스트는 의식, 전통, 직업과 연결되어 있고, 스스로 바꿀 수 없다. 폐쇄된 사회 체계 안에서 한 사

21세기 초
불가촉천민의 수는
1억 6,000만
명이었다.

람의 상태가 올라가고 나아질 가능성은 죽음과 내세의 삶 속에서나 꿈꿀 수 있다(힌두교도는 환생을 믿는다).

수천 년 내려온 엄격한 이 위계구조 시스템은 1950년대 헌법에 따라 공식적으로 폐지되었지만 여전히 수백만 명의 사회적, 직업적, 정서적 삶에 영향을 미친다.

카스트 제도의 기원은 고대의 신화로 거슬러 올라간다. 그것에 따르면 네 개의 주요한 사회적 범주인 바르나는, 다시 수백 개의 하위 계층으로 나뉘는데, 최초 존재의 육신이 네 부분으로 해체된 것에서 기원했을 것이다.

제사장과 교사장이 해당하는 브라만은 입에서 나왔을 것이다. 팔에서는 전사가 나왔고, 허벅지에서는 상인과 장인匠人인 바이샤, 발에서는 대부분의 평범한 일꾼이 나왔다. 이러한 카스트 대신 사회적 계급에서 가장 낮고 가장 불순한 단계가 이른바 불가촉천민이다. 이들은 열등하고 오염되었으며 무가치한 존재로 간주되어, 이들을 모욕하고 강도질하고 공격해도 아무런 처벌을 받지 않는 지경이다.

태어날 때부터 시작해 일생 동안 그들의 업karma 때문에 가치 없고, 소외되고, 내쫓기고, 사원과 상위 카스트의 집에 출입이 금지된다. 남자, 여자, 어린아이 할 것 없이 공공장소에서는 별도의 그릇을 사용해야 한다. 대중적인 믿음에 따르면 그들은 만지는 모든 것을 '오염'시킨다.

권리가 없는 사람들의 수는 인도에서 21세기 초에 1억 6,000만 명이었다(카스트는 네팔에도 존재한다). 불가촉천민은 교육을 받거나 품위 있는 일자리를 얻을 그 어떤 가능성에서 배제된다. 그들은 오직 '불결한 일들'만 바랄 수 있다. 이것들은 피, 배설물 그리고 다른 물리적 배설물과 연관되어 있다.

법에 따르면 이전에는 그랬다고 쓰는 것이 더 정확하겠지만, 사회적 해방을 방해하는 장벽이 여전히 매우 강력하다는 것이 진실이다. 불가촉천민들은 시체를 화장하고, 탯줄을 자르고, 가죽을 무두질한다. 그러나 심지어 그들만의 사회적 위계 안에도 차이가 있다. 가장 아래에 있는 계층은 쓰레기와 죽은 동물을 다루고 하수도와 우물과 화장실을 청소한다.

고되고 위험한 직업이지만, 수백만 명이 여전히 화장실이 없고, 특히 시골 지역에서는 셀 수 없이 많은 가정이 필요에 따라 주기적으로 비우는 구덩이를 사용하거나, 아래에 두엄이 위생적이지 않게 더미로 쌓여 있는 장대 위에 나무로 지은 오두막을 이용하는 나라에서는 근본적으로 중요한 직업이다. 최근 몇 년 동안 불가촉천민들에게 법적 보호, 교육 및 의료 지원을 제공하는 협회가 늘어났지만, 인도인들의 실질적인 평등을 위해 해야 할 일은 아직 많이 남아 있다.

이와 관련해, 영화 〈슬럼독 밀리어네어Slumdog Millionaire〉(2009년 오스카상 8개 부문 수상)에서 어린 주인공의 해방에 대한 은유로서, 감독은 영화 앞부분에 주인공이 끔찍한 딜레마로 고뇌하는 모습을 보여주는 장면을 배치했다. 변소에 갇힌 채로 남아 자신이 좋아하는 스타를 만나는 꿈을 포기할 것인가, 아니면 그 아래로 내려가 그것…… 속에 완전히 잠겨서 헤쳐나가 자유를 쟁취할 것인가?

불가촉천민은 공부를 할 수도 없고 원하는 직업을 가질 수도 없다. 그들은 오직 '불결한' 직업만 가질 수 있다.

세계 화장실의 날

20

13년 유엔 총회는 11월 19일을 '세계 화장실의 날World Toilet Day'로 공식 지정했다. 이 연례행사는 세계적으로 20억 명 넘는 사람이 화장실이 부족한(또는 절대적으로 부족한) 심각한 이 문제에 대해 세계의 주목을 끌기 위한 것이다. 이 주제는 종종 잊히고, 심지어 그것에 관해 말하는 것마저 삼가야 한다. 그러나 이 주제는 세계의 비상사태 중 하나를 보여준다. 매년 이날은 문제의 특정한 측면에 초점을 맞춘다. 2016년의 테마는 화장실과 직장이었다. 화장실 부족이 일터에서 생산성 측면과 노동시장에서 여성 인구 수용 측면에 얼마나 심각한 부정적 영향을 미치는지 상기시켜주기 위한 것이었다. 2017년의 주제는 폐수였는데, 폐수의 올바른 처리에 박차를 가하기 위한 것이었다.

위생에 대한
권리를 이야기하는
세계적인 날

휴대전화를 위한 화장지

여행을 많이 하는 사람들은 이미 재미있는 일본 화장실을 만났을 것이다. 화학 살균, 최첨단기술, 배경 음악이나 가열 변좌 같은 특이한 보조장치가 갖춰진 화장실은 보통의 서양식 화장실보다 우주선의 조종실에 더 가깝다. 여기에 익숙하지 않은 사람들은 혼란에 빠질 위험이 있다.

휴대전화에 엄청난 세균이 있다고? 그래서 전용 화장지가 나왔다.

그것으로는 모자란다는 듯이 얼마 전 도쿄 나리타 국제공항 화장실에는 기존 화장지 롤 옆에 새로운 판촉물이 등장한 적이 있다. 특수한 종이 롤에는 큰 글씨로 스마트폰 유리를 소독하는 데 쓰라고 씌어 있었다. 이 운동 후원사인 NTT 도코모 이동통신사의 유튜브 페이지에는 "스마트폰에는 화장실 변기보다 5배나 많은 병균이 있습니다"라고 씌어 있다.

따라서 화장실을 이용한 다음에는 손뿐만 아니라, 회사가 운영하는 공공 와이파이 네트워크 정보가 인쇄된 위생 티슈로 스마트폰도 소독하는 것이 좋다. 2016년 12월부터 2017년 3월까지 실시된 이 판촉 활동은 대중과 소셜네트워크에서 큰 관심을 끌었다. 일본 소셜 네트워크에 한 사용자가 이런 논평을 달았다. "훌륭한 운동이야. 그러나 시차의 영향 때문에 전통적인 화장지와 바꿔 쓰면 어떻게 되는 거지?" 그러나 회사의 반응은 알려지지 않았다.

대변의 미묘한 일곱 가지 유형

유형 1

호두처럼 딱딱하게 뭉쳐진 덩어리
(배출하기 어렵다)

유형 2

덩어리가 울퉁불퉁하게 연결된
소시지 모양

유형 3

표면에 균열이 있는
소시지 모양

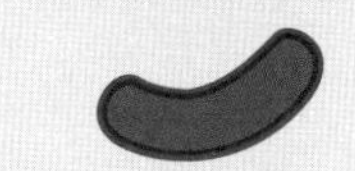

유형 4

매끄럽고 부드러운
소시지 모양

유형 5

가장자리가 잘리거나 부서진
부드러운 조각
(배출하기 쉽다)

유형 6

가장자리가 들쭉날쭉하고
부드러운 반죽같은 모양

유형 7

고형물 없는 완전한 액체 상태

정상적인 인간의
대변은 물
약 **75%**와

고체물질
25%로
구성되어 있다.

브리스톨 스케일

브리스톨 대변 스케일Bristol stool scale은 의학에서 사용되는 인간 배설물을 분류하는 시스템이다. 영국 브리스톨 대학교의 두 연구원이 착상해, 1997년에 발표했다. 이 척도는 인간의 대변을 7가지 범주로 나눈다. 구, 구형의 혹이 있는 소시지, 표면에 균열이 있는 소시지, 뱀처럼 미끈하고 부드러운 소시지, 가장자리가 잘리거나 부서진 부드러운 조각, 가장자리가 들쭉날쭉한 반죽, 고형물 없는 완전한 액체.

지속될 수 없는 가벼움

위선이라고 불러라. 모든 사람은 장내에 가스가 찬다. 이것은 아주 자연스러운 현상이다.

그러니 고장鼓腸, flatulence(장 내에 가스가 많이 차는 것 — 옮긴이)이 의학에서 연구되는 현상이라는 것에 놀랄 필요 없다. 왜냐하면 어떤 경우에는 음식이 장을 통과하면서 생성되는 공기의 양이 과도하고 이것이 당황스러움에 더해 심각한 신체적 질환과 연관될 수도 있기 때문이다.

1991년, 매우 권위 있는 국제 소화기병학회지 『거트Gut』에 발표된, 흥미로워 보이지만 매우 진지한 한 기사에서는 사람의 장 가스 분출을 매우 정

평균적으로
한 사람은
24시간 동안
476~1,491ml
의 가스를 배출한다.

확한 실험 절차를 통해 상세하게 분석했다. 남녀 자원자 10명의 장내 가스를 특수 카데터를 통해 24시간 동안 수집한 다음 양과 질을 분석했다.

연구 결과에 따르면 배출한 가스의 양은 476~1491ml이며, 남성과 여성은 차이가 없었다. 가스 배출량이 가장 많은 시기는 식사 직후이며, 잠잘 때는 깨어 있는 시간보다 배출량이 적었다. 실험을 시작하기 48시간 전에 식이섬유가 없는 식사를 하면 배출량이 크게 감소하고 조성도 바뀐다. 연구원들은 발효로 인한 가스가 배출되는 산물에 가장 크게 기여한다고 결론 내렸다.

플라스틱 미인

우리가 씻을 때도 오염을 일으킬까? 불행히도 가끔은 그렇다.

만약 우리가 마이크로 또는 나노 플라스틱이 포함된 제품을 사용한다면. 유엔환경계획UNEP의 보고서 「화장품 속 플라스틱Plastic in cosmetics」(2015)에 따르면 많은 화장품과 보디 제품에는 실제로 미세 플라스틱 구가 들어 있다. 몇 가지만 예를 들어보면 스크럽, 치약, 데오도란트, 샤워젤 및 선크림, 면도 크림, 마스카라, 립글로스와 주름 방지 크림, 곤충 퇴치제와 유아 위생용품 등이 있다. 이들 제품은 대부분 성분이 액체지만 고체 형태의 플라스틱(나노 구체, 미세 입자 및 미세 구체, 플라스틱 분말 등)을 포함하고 있을 수 있으며, 이것들은 해양을 오염시키는 데 크게 기여한다.

제조업자들이 신고하도록 요구하는 법은 없다. 그러므로 라벨에 다양한 물질이 어떤 형태(액체 또는 고체)인지 명기하지 않기 때문에 소비자가 그것을 읽고 스스로 방향을 잡기가 어렵다. 확실한 것은 스크럽과 같은 제품 하나에만 36만 개 넘는 미세 구체가 포함될 수 있으며 사용한 화장품은 바다로 가서 수명을 마친다는 사실이다.

UNEP 보고서에 따르면 2012년에 유럽 국가들은 4,360톤의 플라스틱 미세 구체를 바다에 버렸으며, 그들 중 대부분(93%, 즉 4,037톤)은 폴리에틸렌으로 만들어진 것이다. 우리가 씻을 때 그 존재를 알아차리기란 쉽지 않다. 맨눈으로 볼 수 있을 정도로 입자가 큰 경우도 있지만, 많은 경우 크기가 나노 사이즈이기 때문에 전혀 보이지 않고 손으로도 만져지지 않는다.

농도는 제품에 따라 다르다. 일부는 1% 미만을 포함하고, 어떤 경우는 플라스틱이 전체의 90%를 넘기도 한다. 예를 들어 각질 제거 젤에는 포장에 든 것보다 더 많은 플라스틱이 화장품 성분 속에 포함되어 있기 쉽다. 일반적으로 용기는 재활용이 가능하지만 미세 플라스틱은 불가능하다는 차이가 있다. 너무 작기 때문에 어떤 수거 시스템에도 걸러지지 않고, 이미 일어나고 있다시피 해양동물이 삼켜서 먹이사슬에 들어가지 않으면 수백 년 동안 물속을 부유할 것이다.

연구는 아직 초기 단계에 불과하지만 해양 무척추동물에서부터 포유류와 인간에 이르기까지 다양한 생물학적 시스템에서 '플라스틱 입자'의 독성 영향에 대한 증거가 이미 있다. 인체 내에서 지름이 5mm 미만인 마이크로 플라스틱과 나노 플라스틱은 섭취된 후 위장 계통을 통과해 림프계와 순환계에 들어갈 수 있으며 심지어 태반을 지나 태아에까지 갈 수도 있다.

2007년 연구와 같이 유럽 인구가 하루에 평균 2g의 치약을 사용하고, 그 치약의 5%가 플라스틱 나노 구체를 포함한다고 가정하면, 유럽인들은 매일 7만 4,000kg의 플라스틱 입자를 바다로 흘려보낸다고 결론 내리지 않을 수 없다. 그리고 비슷한 계산을 샴푸, 샤워젤 그리고 많은 다른 제품에 대해서도 할 수 있다. 다행히 수년 동안 그것들이 야기하는 오염을 고려하기 시작했고, 일부에서는 포장에 환경을 위한 사회참여를 표시하는 무無플라스틱 협약에 자발적으로 서명하기 시작했다.

**치약과 각질 제거 크림
안의 미세 구체는
그냥… 플라스틱이다.
많은 개인 위생용품에서도
나노 플라스틱이 발견된다.**

피임에 주의하라

인류는 아주 오래전부터 출생률을 통제하려고 노력해왔다. 우리는 고대 로마인, 그리스인, 이집트인, 페르시아인, 중국인들이 시도했음을 확실히 알고 있지만, 아마도 모든 문명이 자신만의 방법을 개발했을 것이다.

현대의 피임법에 도달하기 전에 우리 조상들은 수많은 약초 요법뿐만 아니라 무수한 마법적인 접근법을 시도했다. 물론 약초 요법은 다 효과적이진 않았지만 때로는 피임을 위해 현재도 사용 중인 활성 식물 성분의 무의식적인 발견에 기반을 두기도 했다.

예를 들면 기원전 1550년의 파피루스에서 발견된 방법이 있다. 당시 이집

수은에서 여러 동물의 배설물까지: 피임의 역사는 의외의 여정을 거쳤다.

트 여성들은 아마도 탐폰 역할을 하는, 꿀과 아카시아의 혼합물에 적셔놨던 아마포를 성교 전에 질 아래에 붙였다. 오늘날 우리는 아카시아 고무에 열을 가하면서 발효시키면 현재도 여전히 사용되는 강력한 살정제인 젖산을 생산한다는 것을 알고 있다.

과거 피임법으로는 대추야자에서 민트까지, 몰약에서 버드나무와 석류나무에 이르기까지 다양한 종류의 식물을 사용했다. 작가이자 자연학자였던 대大플리니Pliny the Elder에 따르면, 고대 로마에서 가장 많이 사용된 것은 실피움Silphium이다. 지금은 멸종된 회향풀의 조상 격인 실피움은 낙태약의 하나로 사용된 것으로 보이는데, 이것의 특징인 발정성, 피임성 및 유산성이 알려져 있다.

지역에 따라 일부 여성은 잘했고, 다른 여성들은 잘하지 못했다. 예를 들어 중국에서는 약 4,000년 전에 원치 않는 임신을 피하기 위해 수은을 사용했다. 이 방법은 효과적이었다. 수은은 독성이 매우 강한 원소여서 임신을 예방했다. 그러나 아마도 이 방법에 의지했던 많은 여성이 그 대가로 목숨을 내놨을 것이다.

과거에는 동물의 배설물을 이용한 방법이 덜 해롭고 오히려 효과적인 것으로 드러났다. 가장 오래된 서양 의학 텍스트인 기원전 1850년경의 「카훈 파피루스Kahun Papyrus」에서 밝혀진 바에 따르면 고대 이집트에서는 원치 않는 임신을 막기 위해 여성들이 꿀과 악어 배설물을 사용했다. 아마도 출산 조절에 효과적이었을 것이다. 악어의 배설물이 정액의 통과를 물리적으로 막는 필터 역할을 했을 뿐만 아니라, 그 배설물의 산성도가 분명 가벼운 살정작용을 했을 것이다.

오늘날 만약 악어 똥에 의지한다는 생각에 거부감이 든다면, 더 나쁜 지경에 있는 사람들이 있다는 것을 알아야 한다. 인도와 이슬람 세계에서는 13세기까지 코끼리 배설물을 사용한 피임법이 널리 퍼져 있었다. 이것은 악어 배설물보다 산성이 더 강해 효과가 컸지만 코를 찌를 정도로 냄새가 심했다.

2016년 유니세프가 리서치 기업 닐슨Nielsen에 의뢰한 조사에 따르면 인도에서는 넝마, 재, 신문지, 모래뿐만 아니라 마른 똥이 피임이 아니라 여성 생리대로서 여전히 광범위하게 쓰인다.

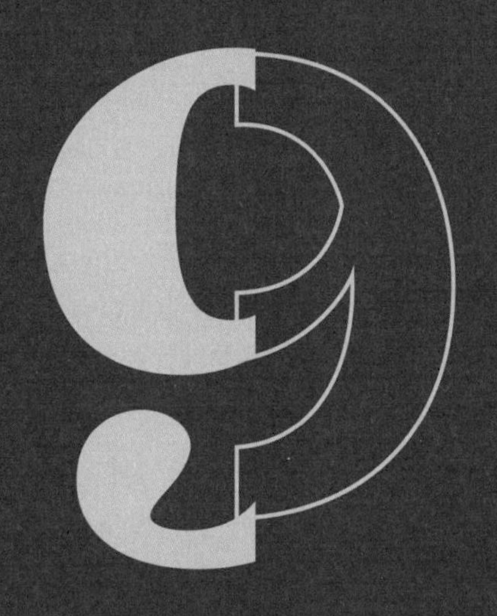

그것들은 재미있고 예술적이다

쓰레기는 심각한 문제이다. 그러나 그것은 사람들을 미소 짓게 만드는 예술적 측면도 있다. 그러나 조심하라. 때로 쓰레기로 만든 예술작품은 감상하기 어려울 수도 있고…… 대형 쓰레기통에 버려질 수도 있다.
어쨌든 문학에서 영화에 이르기까지, 조각에서 모바일 앱에 이르기까지, 쓰레기는 더 이상 풍경에서만이 아니라 우리 문화생활에서도 주역이다.

황금 무게의 똥

현대 미술이 여전히 당신에게는 수수께끼 같고, 어떤 기준에서 천문학적 가격이 매겨지는지 한 번씩 물어봤다면, 심지어 예술가들조차 오랫동안 이 문제를 궁금해했다는 것을 알아야 한다. 가장 권위 있는 인물 중 하나인 이탈리아의 피에로 만초니는 논란의 중심에 있(어 보인)다. 만초니의 작품을 똥이라고 말했던 그의 아버지와 1961년에 그가 생산한 90개의 밀봉된 주석 캔(레이블에는 "예술가의 똥, 순질량 30g. 자연보존. 1961년 5월 제조 및 밀봉"이라고 씌어 있다)으로 이루어진 현대 미술 작품이 모두 논란거리이다.

현대 미술을 비판하는 현대 미술

1부터 90까지 순차적으로 번호가 매겨진 각 용기는 금 30g에 상응하는 금액으로 판매되었다. 최근 몇 년 사이, 일부 캔은 훨씬 높은 가격으로 경매에서 팔렸다. 소더비에서 가장 인기를 끈 것은 12만 4,000유로에 팔렸다. 그러나 아무도 그 안에 뭐가 들었는지 정확히 알지 못한다. 예술가인 베르나르 바질Bernard Bazile은 그의 작품 〈피에로 만초니의 열린 상자Boîte ouverte de Piero Manzoni〉에서 1989년에 열린 캔을 전시했다. 캔 안에는 또 다른 캔이 닫힌 채로 들어 있었다(캔 안의 캔을 오픈하지 않기로 결정했고, 작품의 내용물에 대한 진실은 여전히 밝혀지지 않고 있다 — 옮긴이).

비평가들에 따르면, 만초니는 이 작업으로, 작품의 상업적 가치가 더 이상 작품이 자아내는 감정이나 거기에 들어 있는 가치에 귀인하지 않고, 대신 예술가의 명성을 기준으로 삼는 현대 미술 분야에 대해 혹독한 비판을 가하려 한 것이었다.

룸바 오디세이

밤에 잠을 잘 자고 아침에 깨어났을 때 그 누구의 수고도 없이 마법처럼 집이 깨끗해져 있기를 꿈꾸지 않은 사람이 있을까? 가정잡역부, 집사, 요리사 및 청소 전문가를 대신하는 로봇으로 가는 길은 여전히 멀다.

하지만 기술은 큰 진전을 이루고 있다. 공학, 원격통신, 물리학, 정보 기술, 건축 외에도 여러 가지를 결합해 가정에서 삶의 질을 향상시키는 데 도움이 되는 학제 간 과학마저 생겨났다. 홈오토메이션.

그러나 모든 꿈과 마찬가지로 이것 또한 미국 아칸소주 리틀록에 거주하는 한 가족의 아버지이자 애견 에비Evie의 행운의 주인인 제시 뉴턴에게 일어난 것처럼, 악몽으로 변할 수 있다. 그의 페이스북 게시물 〈똥난Pooptastrophe(poop[똥]+catastrophe[재난])과 똥말poohpocalypse(poop+apocalypse[종말, 묵시])〉은 전 세계로 퍼져나갔고 다수의 신문과 뉴스 에이전시에서 소개되었다. 그러나 우리는 이 게시물을 소개하기 전에, 한 걸음 뒤로 물러서서 이론의 여지없는 주인공 룸바Roomba를 소개할 필요가 있다. 룸바는 인간이 개입할 필요 없이 알아서 집을 청소할 수 있는 성공적인 진공청소기 로봇 시리즈를 말한다.

이 가전제품은 급속도로 퍼지고 있다. 룸바의 제조사인 아이로봇iRobot은 1,000만 대 이상 판매했고 다른 많은 브랜드가 시장에 나와 있다. 진공청소기 로봇은 기술의 집약체다. 전형적으로 지름 35cm에 10cm 높이의 원통형 물체에 바퀴, 5개의 전동기, 브러시와 진공청소기가 장착되어 있다. 압전 및 적외선 기계식 감지기 세트와 보드에 장착된 미니컴퓨터의 도움으로 로봇 청소기는 사용자가 설정한 시간에 시작해 바닥을 반복적으로 지나다니면서 자율적으로 자기가 있는 방 전체를 청소할 수 있다.

때로는 자동화가 자연의 예측불가능성과 충돌해서 실제 모험을 만들어내기도 한다.

가장 최신 모델은 심지어 지능형 시스템까지 갖추고 있어, 실내의 적외선 이미지를 캡처하고 그것을 이용해 소프트웨어에서 그 장소의 시각적 지도를 만든 다음 이동 경로를 최적화할 수 있다. 특수 탐지기는 룸바가 많이 더러운 지역에 있음을 알 수 있게 해주어 깨끗이 청소할 때까지 반복적으로 부지런히 지나다니도록 한다. 기운이 빠지면(전기가 떨어지면) 재충전을 위해 스스로 베이스까지 간다. 천재이다. 그러나 장애물을 맞닥뜨렸을 때 그것을 세세하게 인식하는 데는 여전히 몇 가지 문제가 있다.

그리고 그런 이유로 8월 오전 1시 30분에 작동을 개시한 룸바는 경로를 밟아가던 중 강아지 에비의 똥과 마주쳐 난장판을 만들었다. 제시는, 아침 4시에 네 살 먹은 아들이 일어나 부모의 침대에서 같이 자려고 왔을 때, 어떤 느낌 혹은 악취를 느꼈다. 그가 자신의 게시 글에 썼듯이, 왜 꼬마한테서 똥 냄새가 난다고 의심하는지 의아해하며 즉시 일어나 거실로 갔다.

거기서 그는 쓰디쓴 놀라움을 경험했다. 룸바가 똥의 존재를 인지하지 못한 채 마루 위를 끊임없이 돌아다니고 있었다. 사실은 똥을 청소하려고 노력하는 과정에서 가는 곳마다 그것을 옮기며 마루, 가구, 어린이 장난감 등 마주치는 모든 것에 뿌려댔던 것이다. 제시에게는 불행한 일이지만, 이 문제는 잘 알려져 있었다. 그의 문제가 첫 번째 사례가 아니었다.

아이로봇사iRobot의 대변인은 이런 종류의 사건이 이미 여러 건 발생했다고 말했다. 그런 이유로 회사는, 집에 비정통적인 곳에서 일을 치르는 개나 고양이가 있다면 룸바를 가동시키지 말 것을 권고했다.

그러나 동물 애호가와 홈오토메이션에는 여전히 희망이 있다. 아이로봇 기술자들은 이 문제를 풀기 위해 노력하고 있으며, 미래에 나오는 새로운 모델에는 동물들의 배설물을 실시간으로 인식할 수 있는 특수 컴퓨터 시스템이 장착될 가능성이 있다. 미리 경고하는데 사람은…….

홈오토메이션

집에서 멀리 떨어진 곳에서도 휴대전화로 조명을 켜고 난방을 조절하고, 필요한 경우에만 자동으로 에어컨을 가동하고, 전기요금이 싼 시간에 맞춰 세탁기를 돌리도록 타이머를 설정한다. 이것은, 일련의 가사 또는 전문적인 작업을 자동화하기 위해 디자인된 하드웨어 및 소프트웨어 기술의 설계와 창조를 포함하는 학문인, 홈오토메이션(가정 자동화)의 응용이다. 아주 '현대적'인 것 같지만 사실 홈오토메이션은 40년 넘는 역사를 가지고 있다. 그 목적은 집에서 삶의 질을 향상시키고, 설비 사용의 안정성과 편리성을 높이며, 운영비용을 줄이는 것이었다. 어떤 사람들은 현대적 홈오토메이션 시스템의 조상을 20세기 초에 퍼지기 시작한 전기세탁기에서 찾을 수 있다고 한다. 1975년 스코틀랜드의 피코 일렉트로닉스Pico Electronics가 처음으로 홈오토메이션을 위한 전자제품들 사이의 통신 프로토콜 X10을 개발했다. 이것은 명령이나 상태 신호와 같은 디지털 데이터를 가정의 전력공급선을 통해 전송한다는 아이디어에 기초한 것이었다. 오늘날 X10 표준은 엄청난 기술 발전과 무선통신의 광범위한 보급으로 구식이 되었다. 그렇지만 몇 년 동안 수백만 가정의 사용자를 점유했고 시장에서 상당한 성공을 거두었다.

건강에 해로운 예술

'바람을 따라가지 마라Don't Follow the Wind'는 특별한 미술 전시회이다. 가서 볼 수 없다. '침↑폼Chim↑Pom'이라 불리는 12명의 예술가가 의뢰를 받고 이 전시회를 구성했다. 2011년 핵 재난에 따른 방사능 피해로 접근이 금지된 일본 후쿠시마시에 작품을 설치하는 것이었다.

소유자의 동의를 얻은 작품 중 일부는, 지금은 사람이 살지 않는 주택에 세워져, 매우 높은 수준의 방사능으로 인해 오랫동안 방문할 수 없다. 그러나 이 흥미로운 운동은 몇 해 전 일어난 예술운동의 마지막 외적 표현일 뿐이다. 핵에너지와 원자폭탄, 원전 사고, 폐기물과 그 처리의 어려움은 현대 미술과 20세기 후반의 서구 문화 전반에 큰 영향을 미쳤다.

1951년 '핵회화 기술 성명'에 서명함으로써 엔리코 바이Enrico Baj와 세르

조 단젤로Sergio Dangelo는 밀라노에서 '핵 예술Nuclear art'이라는 예술적 흐름을 일으켰다. 이것은 히로시마와 나가사키의 원자폭탄 폭발과 폭발 이미지로 대중적 여론에 일어난 감정적 파동에 영감을 받은 것이었다. 그 당시에는 대부분 시각적이고 개념적인 시사였지만, 근년에는 한참 더 나아가 이른바 방사능 예술로 스스로를 시험해보는 사람들도 있다.

2012년 스웨덴 예술가 힐다 헬스트룀Hilda Hellström은 후쿠시마 대피 지역의 방사성 토양으로 빚은 접시와 도자기를 만들었다. 또한 타린 사이먼Taryn Simon이 만든 〈블랙 스퀘어Black Square XVII〉(예술적으로 유리화된 핵폐기물 타일)라는 작품은 현재 러시아의 핵발전소 내에 있는데, 적어도 3015년까지는 전시할 수 없다. 심지어 미국의 조각가 제임스 어코드James Acord도 방사능 물질에 정력을 쏟았다. 1993년에 방사능 물질을 수집하고 처리하는 면허를 취득한 그는 핵 시대를 상징하는 다양한 오브제를 창조했다. 한편 언노운 필즈 디비전Unknown Fields Division이란 스튜디오는 일부 정제소와 첨단기술 회사에서 나온 화학폐기물을 버리는 중국의 바오터우包頭 호수에서 나온 유독성 진흙을 모아 (방사성의) 명나라 항아리 컬렉션을 창조했다.

이 주제가 당신의 흥미를 끈다면 '핵 예술'에 관심 있는 전 세계 예술가들과 학자들을 맺어주는 핵 문화 연구 프로젝트Nuclear Culture Research Project에 연락할 수 있다. 이 프로젝트는 런던 대학교 골드스미스 칼리지가 주도하는데, 2016년에 예술가와 작품, 운동들을 소개하는 『핵 문화 소스북Nuclear Culture Source Book』을 펴내기도 했다. 이 책에 소개된 정보 중 일부도 이 카탈로그에서 얻은 것이다.

첫 화성 식민지 개척자

제18화성일에, 강력한 모래 폭풍으로 우주비행사 마크 와트니Mark Watney가 죽었다고 생각한 동료들은 살아남기 위해 그를 붉은 행성에 버려둔 채 탈출했다. 영화 〈마션The Martian〉의 주인공 와트니는 깨어났을 때, 쓰라린 놀라움에 직면한다. 오랫동안 살아남기에는 충분하지 않은 식량만 가진 채 홀로 화성에 남겨진 것이다. 식물학자로 훈련받았던 이 젊은 우주비행사는 처음엔 낙담했지만 살아남기 위한 유일한 길은 식량 재배에 성공하는 것임을 이해한다.

남겨진 기술장비가 도움이 될 수도 있지만, 그것만으로는 충분하지 않다. 어떻게 하면 화성의 토양을 비옥하게 만들 수 있을까? 그의 동료 모험가들이 남긴 유산이 큰 역할을 한다. 동결 건조된 그들의 대변은 우수한 비료가 되었다.

마크는 마침내 오랫동안 기다려온 감자 재배에 성공한다. 이 결실에 흥분해서 그는 이렇게 말한다. "행성에서 무언가를 재배하는 사람은 누구든 그 행성의 첫 번째 식민지 개척자이다. 내가 한 방 먹였죠, 닐 암스트롱!" 여기에 이런 말을 덧붙일 수 있겠다. 화성에서일지라도 다이아몬드는 아무것도 낳지 못한다. 하지만 분뇨는 감자를 낳는다.

당신은 무엇을 보는가?

착시 또는 환시라고 불리는 이것은 임의 형태를 가진 자연물이나 인공물을 보통 사람의 얼굴이나 동물 등 알려진 형태와 연결 지으려는 경향이다. 누구나 적어도 한 번은 착시에 빠진 적이 있을 것이다. 구름을 보면서 익숙한 이미지를 떠올리며 놀아본 적 있을 테니.

단어 pareidolia는 '이미지'를 의미하는 고대 그리스어 èidōlon 앞에 '근처'라는 의미의 접두어 parà가 붙은 것

!

마이클 잭슨의 형상을 한 새똥을 **500달러**에 팝니다.

이다. 비록 우리가 빚지고 있는 별자리의 실제 이름에 담긴 것은 고대인들이 인식한 수많은 이미지이지만, 그것이 표현하는 개념은 현재에도 여전히 완벽하게 인식할 수 있다.

착시에 대해 우리는 언제나, 예를 들면 이모티콘의 경우처럼 극도로 양식화된 그래픽 기호에서도 얼굴과 감정을 인식하는 능력을 가지고 있다. 몇몇 경우 착시는 전설, 미신의 바탕이 되고, 「시카고 선타임Chicago Sun Time」에 따르면 스물아홉 살 미국인 브랜든 튜더를 흥미롭게 했던 경우처럼, 심지어 소규모 사업의 바탕이 되기도 한다.

캐딜락을 몰던 브랜든은 앞 유리에서 새가 보낸 예기치 못한 선물을 발견했다. 욕을 하거나, 앞 유리 와이퍼를 작동시키거나, 멈춰서 유리를 청소하는 대신, 그 젊은이는 전율했다. 그 똥이 마이클 잭슨의 얼굴과 인상적으로 닮았다고 느꼈던 것이다. 믿을 수 없게도 브랜든은 그것이 마르기를 기다렸다가 사진을 찍고, 플라스틱 시트로 덮고 이베이에 500달러에 판다고 내놓았다. 운 나쁘게도 그는 그 차를 차고에 넣을 생각조차 하지 않았다. 우리가 알다시피 비는 착시 따위를 신경 쓰지 않고 그 작품을 깨끗하게 씻어버렸다. 그러니 누군가 그것을 산 사람이 있는지는 결코 알지 못할 것이다.

빈곤의 예술

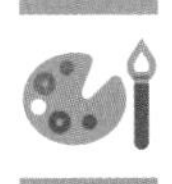

거울에 비춘 것처럼 상품은 쓰레기가 되고 쓰레기는 다시 상품으로 돌아갈 수 있다. 여전히 거의 개발되지 않은 엄청난 자원 분야가 있다. 이는 조만간 경제의 지속적인 성장과 환경 보호를 위해 필수불가결한 것이 될 수 있다. 그것은 반세기 넘게 예술가들에게 원재료를 공급해오고 있다. 소비 문명의 쓰레기는 1950년대 예술계에 나타났다.

어떤 사람에게는 쓰레기인 것이 다른 사람에게는 자신의 흔적을 남긴 작품에 생명을 불어넣는 매우 소중한 예술적 소재이다.

아르망(일명 아르망 피에르 페르난데스Armand Pierre Fernandez) 또는 세자르 발다치니César Baldaccini 같은 예술가의 작품에서는 한결같이 나타나고, 파블

쓰레기 더미도, 특정한 방법으로 조명을 비추면, 당신이 지구적인 사회적 이슈를 개선하도록 만들어줄 수 있다.

로 피카소에서 앤디 워홀, 알베르토 부리Alberto Burri에서 미켈란젤로 피스톨레토Michelangelo Pistoletto에 이르는 다른 많은 예술가의 작품에서도 종종 나타난다. 예술가는 때로 오래된 물건이나 진짜 쓰레기를 단순히 새로운 소재로 쓰기도 하지만, 좀 더 자주 소외되어 사회에서 버림받거나 사회가 생산한 쓰레기에 압도된 현대인의 상황에 대한 은유로서 그것들을 사용한다.

이런 의미에서 영국인 팀 노블Tim Noble과 수 웹스터Sue Webster의 작품은 상징적이다. 그들은 후에 쓰레기 더미로 유명해졌다(이 주제의 첫 번째 작품인 1997년의 〈Miss Understood and Mr. Meanor〉[Miss Understood는 misunderstood(오해된), Mr. Meanor는 misdemeanor(경범죄 또는 행실이 나쁨)를 나타내는 말장난이다-옮긴이]는 예술가들 자신이 만들어낸 쓰레기를 조립한 데서 비롯되었다). 쓰레기 더미는 무심한 방식으로 쌓여 있지만 일단 불이 켜지면 의미 있는 그림자를 만들어낸다. 영국 예술에 기여한 공로로 노팅엄 트렌트 대학교에서 명예학위를 받은 이 두 예술가의 작품은 쓰레기를 소재로 소비사회의 무절제를 보여주면서 그것을 통해 의외의 이야기를 들려준다.

사실 빛 아래에서 혼란스러운 쓰레기는 인지할 수 있는 형태를 취하고 쓰레기-조각상은 그림자로 변하면서 탈물질화된다. 이런 방식으로 인간의 지각은, 쓸모없는 것과 유용한 것, 예술과 쓰레기, 정밀한 디자인과 카오스를 구분하기 위한 특별한 중요성을 떠맡는다. 노블과 웹스터는 그들의 작품을 통해 사람들로 하여금 쓰레기를 다른 눈으로 보도록 밀어붙인다. 저 빈 병들, 가방, 캔, 종이팩 그리고 쌓여 있는 와이어와 판들이 과연 그저 보이는 그대로라고 확신할 수 있는가?

예술은 알몸이다

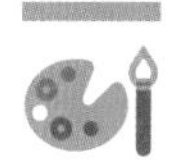

때로는 예술가들이 작품에 쓰는 쓰레기에 부여한 은유가 충분히 명시적이지 않은 경우가 발생한다. 대중의 취향이 아직 성숙하지 않아서 결과적으로 쓰레기가 그것을 바라보는 사람들에게 '예술적인 대상'으로 변모할 수 없는 경우이다. 그럴 때 그것들은 진짜 쓰레기가 되어 예술가들이 부주의하게 꺼내왔던 쓰레기통으로 다시 돌아간다.

어떤 사람들은 그것에 대해 농담을 하고, 다른 이들은 불경한 행위라고 소리친다. 아마도 이렇게 단순하게 묻는 것이 적절할 것이다. 어떤 이에게는 그 예술이 벗은 것과 마찬가지 아니냐고. 자기가 매우 값비싼 마법 천으로 만든 옷을 입고 있다고 믿었으나 실제로는 옷을 입지 않고 돌아다녔던 안데르센의 동화에 나오는 유명한 임금님처럼 말이다.

마지막 오해는 볼차노 박물관에서 청소부가 〈오늘 밤 어디서 춤을 추지?Dove andiamo a ballare questa sera?〉라는 작품을 '청소'해버린 2015년으로 거슬러 올라간다. 예술가 듀오 골트슈미트 & 키아리Goldschmied & Chiari의 이 작품은 마루 위에 병, 종잇조각, 장식 리본과 다른 물건들을 흩어놓은 것이었는데, 청소부가 이것을 파티의 잔해로 착각했던 것이다. 실제로 전날 밤 박물관 다른 곳에서 파티가 있었다.

쓰레기로 만든 현대 미술 작품을 쓰레기로 착각한 경우는 실제로 수없이 많다. 2014년 바리Bari에서는 현대미술 전시회 '경관을 매개하는 디스플레이Display Mediating Landscape'에 전시된 일부 작품 중에서 빈 상자와 다양한 소모품들이 쓰레기통에 버려졌다. 같은 해 라벤나 미술관에서는 벽에 가짜 구멍을 재현한 거리 예술가 에론Eron의 작품 일부를 잡역부가 메워버리기도 했다. 이런 일은 이미 2001년에 데이미언 허스트Damien Hirst의 설치미술 작품에도 일어났고, 1999년에는 영국의 가정주부가 트레이시 에민Tracey Emin의 작품 〈지저분한 침대Dirty bed〉를 청소하려고 한 일도 있었다.

독일 예술가 하 슐트Ha Schult의 복수는 아마도 기념비적인 설치물 〈쓰레기 사람들Trash People〉일 것이다. 수천 명의 쓰레기 사람이 열 지어 서 있는 거대한 예술작품이다. 180cm의 키에 재활용 플라스틱, 유리, 전자제품 및 금속으로 만들어진 쓰레기 사람들은 몇 년간 만리장성에서부터 피라미드와 로마 포폴로 광장에 이르기까지 지구의 다양한 상징적 장소로 옮겨졌다.

1960년대부터 쓰레기로 작업한 이 작가는 1969년에 뮌헨의 한 거리에서 종이를 버렸다는 혐의로 경찰에 체포됐는데, 거기에 완전히 쓰레기로만 이루어진 그의 첫 예술작품을 설치했다. 그러나 쓰레기로 만든 그의 작품은 이제 국제적으로 평가되고 있다. 하지만 모두가 같은 길을 간 것은 아니다.

이런 종류의 실수는 비싼 대가를 치를 수 있다. 1978년 베네치아 비엔날레 별관에 페인트칠을 하던 일꾼들이 나무로 된 문에 하얀 칠을 했다. 그 문은 프랑스 예술가 마르셀 뒤샹이 서명한 것으로, 이탈리아 수집가의 소유였다. 그는 비엔날레 측에 손해배상을 청구해 4억 리라를 배상받았다.

임금님은 벌거벗었다!
관람자들과의 접촉에 실패하면
예술도 가끔은 그렇다.

열대지방에서의 휴가

우주를 채우려면 얼마나 많은 모래 알갱이가 필요할까? 기원전 3세기 말 그리스의 위대한 수학자이자 발명가인 아르키메데스는 그것을 계산하려고 했다. 그는 자신의 생각을 천문학 논문 「모래알을 세는 사람」에 담았다. 그는 계산을 위해 태양 중심 모델(즉 당시에 믿던 대로 행성들이 지구를 중심으로 도는 것이 아니라 태양 주위를 돈다는 모델. 이 이론을 확정한 코페르니쿠스와 갈릴레오의 연구보다 1800년 앞선 것이다)을 사용하는 등 훌륭한 통찰력을 보였다. 그럼에도 불구하고 아르키메데스가 오늘날의 천문학 지식을 가지지 않았음이 분명하기 때문에 그가 '채워야 할 우주'는 우리가 지금 알고 있는 우주와 달랐다.

하얀 모래 해변을 꿈꾸는가?
그게 비늘돔의 배설물로
만들어졌다는 사실을 아는지…

그러나 그는 당시 시스템으로는 불가능했던 매우 큰 수의 계산을 가능하게 하는 새로운 숫자 매기기 시스템을 도입하는 문제를 제기했다. 아르키메데스의 계산에 따르면, 그가 알았던 우주를 채우기 위해 필요한 모래알은 1 다음에 0이 63개가 오는 양이었다. 10억의 10억의 10억의 10억의 10억의 10억의 10억이다. 그러나 그건 어떤 종류의 모래알일까? 사실 모든 모래알이 같은 기원을 가지는 것은 아니다.

아르키메데스는 이 알갱이들의 일부가, 휴가객이 가장 귀하게 생각하고 선망하는 아주 곱고 하얀 열대 해변의 모래가, 기본적으로는…… 쓰레기라는 사실을 몰랐다. 좀 더 정확하게 말하면 비늘돔의 진짜 배설물이다.

색깔이 화려한 이 작은 물고기는 산호초에 서식하는 해조류와 새끼 문어를 먹고 사는데, 먹이를 먹기 위해 산호 몇 조각을 뜯어서 씹기도 한다. 이 조각은 소화가 되지 않고 완전히 탈색된 알갱이 형태로 재방출된다. 이런 방식으로 이 물고기는 조류와 다른 식물 유기체로 덮여 있는 죽은 부분을 구석구석 긁어내 깨끗하게 해주어 산호초가 건강한 상태를 유지하도록 도움을 준다. 그렇지 않다면 산호초는 조류에 감염될 것이다. 비늘돔과 산호는 절대적인 공생 관계이다. 물고기는 보초堡礁, barrier와 산호의 생존에 근본적인데, 산호는 그 보답으로 영양분을 제공할 뿐만 아니라 물고기가 날카로운 이빨을 갈고 깨끗하게 할 수 있도록 한다.

열대 낙원 애호가들에게는 다행스럽게도, 평균 50cm 길이의 이 물고기는 매우 게걸스럽게 먹는다. 하루 온종일 씹는데, 몇몇 추산에 따르면 1년에 100kg의 모래를 생산할 수 있다. 아르키메데스에 영감을 받은 사람들은 이제 시험해볼 수 있다. 우주를 새하얀 모래알갱이로 채우려면 얼마나 많은 비늘돔이 필요할까?

모래의 조건

모래는 특정한 유형의 퇴적암이다. 퇴적암은 광범위하게 퍼져 있고 종류가 많다. 퇴적물이 만들어지는 기원에 따라 쇄설 퇴적물, 화학 퇴적물, 유기 퇴적물이 될 수 있다.

쇄설 퇴적암은 물, 바람, 얼음 또는 단순히 중력에 의해 다른 암석이 분해되어 원래 장소에서 아주 먼 곳까지 옮겨질 수 있는 쇄설 입자clast라 불리는(그리스어로 clast는 '깨진', '파쇄된'을 의미한다) 파편의 축적 과정에서 형성된다.

물에서 용해된 물질의 화학적 침전(용질이 용매에서 고체 형태로 분리되는 현상)은 화학 퇴적암 생산의 바탕이다. 그리고 뼈나 조개껍데기 같은 살아 있는 유기체의 일부는 유기 퇴적암을 형성한다.

입도粒度 분석(광물 집합체의 입자를 재는 기술)을 이용해 그것을 이루는 쇄설물의 크기에 따라서도 퇴적암이 분류된다. 우든-웬트워스Udden-Wentworth 척도는 19세기 말 우든이 제안한 것으로, 1922년 웬트워스에 의해 채택되었다. 우든-웬트워스 척도는 크럼바인Krumbein 척도와 함께 현재도 사용된다. 모래는 0.0625~2mm의 크기를 가지는 입자로 정의된다.

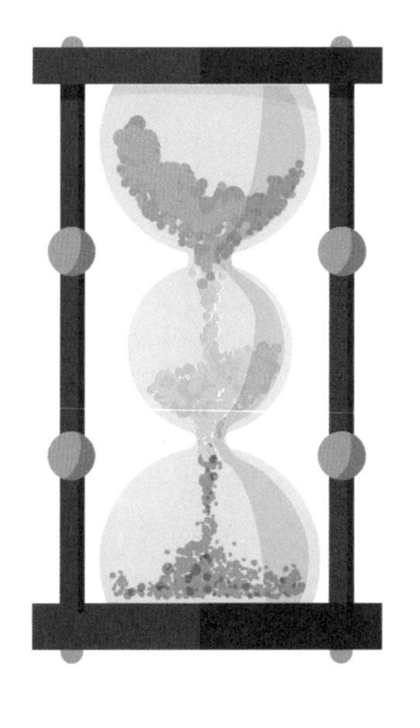

모래는 몸이나 옷에 달라붙는다. 당신은 그것을 모든 곳에 옮긴다. 모래는 역사상 기나긴 여행을 했다.

지리적 위치에 관한 가짜 뉴스

마침내 개똥을 모으는 앱이 개발되었다. 미국 언론에서는 이미 바이러스처럼 입소문이 퍼지고 있다. pooperapp.com 사이트(poop은 똥을 뜻하고, pooper는 파티에서 흥을 깨는 사람을 뜻한다 — 옮긴이)에서는 개발자들이 모든 것을 생각해놨다. 다양한 월 사용료('일일 수집' 횟수에 따라 15~35달러), 눈길을 사로잡는 그래픽, 환경 지속성에 대한 선언이 있는 앱은 마침내 도시의 보행자 도로를 깨끗하게 하고, 심지어 개는 없지만 돈을 벌고 싶은 사람들에게 '수거인'으로서 지원할 수 있도록 한다.

마침내 가방과 불쾌한 처리 작업 없이 네발 달린 친구와 자유롭게 걷는 일이 현실이 된다. 당신의 개가 볼일을 보면 그저 그…것을 사진으로 찍고 앱을 통해 위치를 설정해 치워달라고 요청하면 된다. 즉시 그 지역에서 활동하는 수거인들에게 알림이 가고 회수되는 즉시 당신에게 알려준다.

푸퍼앱은 수천 명의 사용자와 개인 투자자들의 관심을 모았지만, 현재(사이트들이 항상 말하는 대로) 샌프란시스코와 뉴욕에서 테스트 중이다. 유감스럽게도 이것은 가짜 뉴스다. 세상을 재미있게 만들고 싶었던 소프트웨어 개발자와 디자이너의 농담에 지나지 않는다. 『뉴스위크』지에서 두 사람은 존재하지도 않는 문제를 해결하는 '어떤 일이든 하는 앱'의 세계를 비판하고, 현대 기술사회가 가고 있는 방향에 의문을 불러일으키기를 원한다고 선언했다. 두 발명가는 『뉴스위크』의 지면을 통해 우리에게 물었다. "우리가 개똥을 치우는 누군가에게 돈을 지불하기를 진정으로 원할까요?" 그들이 볼 때 대답은 놀랍게도 "그렇다"이다. 어떤 이에게는 이것이 정말 비즈니스 아이디어가 아닌지 궁금해할 만한 정도다. 우리가 만드는 신기술의 사용에 대한 성찰은 타인에게 미뤄둔 채 말이다.

파도와 함께 찾기

파도wave는 여행자의 떼어놓을 수 없는 동반자이다. 그러나 바다의 파도만 있는 것이 아니다. 사실 전자기파electromagnetic wave와 음파sound wave는 내비게이션의 기본적인 도구이다. 오늘날 바다에서는, 도로에서와 마찬가지로 GPS 덕분에 경로를 유지할 수 있다. GPS, 즉 전 지구적 위치 파악 시스템Global Positioning System은 지구 표면 위 물체의 위치를 높은 정밀도로 파악할 수 있는 기술이다. 그것은 전자기파를 사용하고, 그 작동은 우리 머리 위 2만km 궤도를 도는 약 30개의 위성 시스템을 기반으로 한다. 당신이 지구상 어디에 있건 적어도 4개의 위성이 우리의 지평선 안에서 보일 것이다. 각각은 일정한 간격으로 위치와 절대 시간을 기준으로 무선 신호를 전송한다. 이들 신호는 빛의 속도로 진행해 GPS 수신기에 의해 포착된다. GPS 수신기는 방출된 신호가 수신기 자체에 도달하는 데 필요한 시간을 측정해 각 위성과의 거리를 계산할 수 있다. 다양한 위성으로부터 거리가 알려지면 삼각 측량 프로세스를 이용해 수신기는 위치를 결정한다. 통상적인 기기의 경우 몇 미터 이내의 정확도를 유지한다.

그러나 이것을 달성하려면 시간이 매우 정밀하게 측정되어야 한다. 그러므로 위성들에는 원자시계가 장착되어 있을 뿐만 아니라, 전체 GPS 시스템은 거리 계산에 아인슈타인의 일반 및 특수 상대성이론에 의한 시간 흐름에 미치는 효과를 고려해야 한다. 그러지 않으면 하루에 18km의 오차가 발생할 것이다.

GPS는 정확한 시간 없이는 성립되지 않는다. 정확한 시간 없이는 거리 계산이 제대로 되지 않는다.

판토치, 휴가 가다

메가디타의 하급 직원이자 1960년대 프티부르주아 직장인의 은유이며, 이탈리아 경제 시스템 내에서 하찮고 좌절된 장기의 졸 같은 존재지만, 그럼에도 불구하고 여전히 꿈꾸고 내면적으로 반항할 수 있는, 회계사 우고 판토치가 휴가를 간다면 무슨 일이 벌어질까? 모험담의 네 번째 에피소드(〈판토치 또다시 당하다〉[1983]) 시작 부분에서, 캐릭터의 창조자이자 영화의 대본을 공동 집필한 배우 파올로 빌라조Paolo Villaggio가 연기한 우리 주인공은 동료 간의 휴가 프로젝트에서 회계사 필리니와 엮인다.

컬트 영화가 유산을 남겼을 때…

판토치가 몰래 사랑하고 있는 미스 실바니가 TV 프로그램에 참여해 캠핑카를 상으로 받았는데, 행운이 뒤따라 그녀와의 동행이 시작되어 며칠을 바다에서 보내게 되었다. 아내 피나가 있음에도 불구하고 판토치는 이것이 미스 실바니를 쟁취할 수 있는 기회가 되기를 희망한다. 그러나 그녀는 냄새나고 털 많고 매우 살찐 히치하이커를 캠핑카에 태운다. 그녀는 결국 그와 사랑에 빠지고 판토치와 피나의 마음을 아프게 한다.

…엄청난 양의 쓰레기도 남겼다.

휴가는 다양한 이유로 재앙적인 결과를 낳는다. 그 결과의 대부분은 히치하이커가 잊힌 낙원으로 갈 것을 제안했기 때문이다. 그런데 그곳은 바다 위의 매립지로 밝혀진다. 해변과 바닷물은 온갖 종류의 쓰레기로 뒤덮여 있었다. 흥미로운 점은, 20년 후 〈스트리차 라 노티치아Striscia la notizia〉라는 뉴스 프로그램에서 비난했듯이, 이 영화의 세트 디자이너가 영화를 만들 당시 토르 칼다라Tor Caldara의 세계자연기금World Wildlife Fund, WWF(지금은 World Wide Fund for Nature — 옮긴이) 보존구역 근처, 라비니오 해변에 몇 톤이나 되는 쓰레기를 고의로 하역했다는 것이다. 그리고 풍자적 방송을 재현하듯이 치우는 것을 잊어버렸다. 완전 판토치 스타일의 영화 고고학이다.

재활용 비엔날레

포위 공격, 전쟁 그리고 약탈. 5세기는 로마에 매우 힘들고 암울한 시기였다. 거주 인구는 10만 명에서 3만 명으로 줄어들고, 비록 극장은 여전히 사용되고 있었지만 6세기에 이르자 콜로세움은 도시의 수요에 비해 너무 컸다. 이것이 로마인들이 별생각 없이 그들의 가장 위엄 있는 기념물에서 사용하지 않는 부분을 해체하여 재료를 재활용하기 시작한 이유이다.

누가 새 판版은 전부 새로 되어야 한다고 했는가? 재사용의 아름다운 예를 비엔날레에서 볼 수 있다.

그 건물의 블록이나 벽을 덮은 슬래브에는 대리석이 풍부하고 응회암, 금속, 벽돌도 있었다. 진정한 노천 광산이었다. 이것은 행동이 부적절하다고 할 문제가 아니었다. 오히려 많은 사람이 수 세기 동안 오래된 건물의 재료를 재사용해 새 건물을 지었다. 최근에는 이러한 사용법이 되살아나 2016년 개최된 제15회 베네치아 건축 비엔날레에서 국제적으로 대중의 관심을 끌었다.

실제로 큐레이터인 알레한드로 아라베나Alejandro Aravena는 2015년 비엔날레로 인해 생긴 90톤의 재료를 재사용해 대형 설치물 두 개를 제작하기로 결정했다. 자원의 낭비와 소비를 피하는 데 도움을 주는 소위 순환경제의 원칙에 부합하는 선택이었다. 왜냐하면 비엔날레의 주제였던 미래의 도시들은, 건축가들에 따르면 쓰레기와 원자재를 더 이상 별로 구분하지 않으며, 조만간 건축을 위해 도시의 쓰레기에 의존하기 시작할 것이기 때문이다.

쓰레기 호텔

우리는 쓰레기 속에서 살고 있는데, 그 안에서 잠을 자는 것이 안 될 이유가 있는가? 그들은 아마도 이런 것을 자문했을 것이다. 룸라보르 집단Rumlabor collective의 건축가들은 2014년에 호텔 샤비샤비Hotel Shabby Shabby(말 그대로 허름하고 허름한 호텔) 프로젝트를 시작했다. 이는 쓰레기만을, 정확히는 만하임시에서 나온 쓰레기만을 사용해서 짓는 임시 호텔 건설이었다.

이 프로젝트의 계기는 도시에서 개최된 '세계의 극장Theater Der Welt' 축제였다. 그 제안은 그 프로젝트에 집단으로 응한 예술가, 학생, 광고 및 건축 회사로까지 확대되었다.

22개의 호텔 모두 사용된 재료와 관련해 다소 특이한 모양과 색상을 가지

'세계의 극장'
축제를 위해
22개의
쓰레기 호텔이
만들어졌다.

고 있었다. 목조 숙박시설과 플라스틱 커튼, 우산 닫집으로 덮인 침대, 이상한 곤충의 노란 고치 같은 모양의 튜브 롤로 만든 방, 또 다른 것은 재활용을 위한 오래된 금속 종을 함께 붙여서 만들었다.

호텔들은 축제가 끝날 때 해체되었지만, 이것은 건축적 도발이나 환경을 위한 운동의 일부였다. 이 프로젝트는 임시 호텔을 짓는 데 쓰레기가 사용된 첫 번째 경우가 아니다.

2010년 세계 환경의 날, 해변 보호와 올바른 쓰레기 처리에 대한 인식을 높이기 위해 세이브 더 비치 호텔이 세워졌다. 이 호텔은 유럽 해변에서 수거된 폐기물로만 지어졌는데, 진짜 호텔 이상으로, 우리의 덜 지속 가능한 행동의 결과를 보여준다.

매립지 예술

혹시 매립지에 넉 달 동안 살고 싶은가? 그러려면 신청해서 명단에 올라야 한다. 어쩌면 인기가 매우 높을 수도 있다. 1990년 이래 170명 넘는 예술가와 30명 이상의 학생이, 샌프란시스코의 매립지에서 온갖 종류의 쓰레기로 예술작품을 창작하면서 일정 기간을 보냈다. 이것은 Recology(re+ecology[생태학 또는 생태환경], 재생태 — 옮긴이) Air(Artist in residence, 거주지의 예술가) 프로그램을 통해서도 가능하며 포틀랜드, 시애틀 그리고 아스토리아의 매립지에서도 운영하고 있다.

리콜로지는 직원이 100% 소유한 회사로, 폐기물의 수거, 재활용, 감소를 위해 운영되고 있으며, 폐기물 제로를 달성하는 것이 최종 목적이다. 기본 아이디어는 예술이 교육과 대중 인식에서 독특한 역할을 한다는 것이다. 제작된 작품과 거기에 연관된 교육 활동을 통해, 프로그램은 시민들이 쓰레기를 새로운 관점으로 비춰보고, 소비자의 행동과 각 재료의 재사용 가능성을 재고하도록 장려한다.

거주 기간 동안 예술가들은 매립지에 있는 비위험물질에 자유롭게 접근할 수 있고, 설비가 완전히 갖춰진 대형 스튜디오를 이용해 그들의 예술작품을 제작할 수 있으며, 월급도 받는다. 반대급부로 그들은 거기에서 발견한 재료만을 이용해 작품을 만들고 그중 3점을 리콜로지가 만든 정원 박물관에 남겨야 한다. 이 아이디어에 구미가 당긴다면, 선택받는 것이 다소 어렵다는 점을 알아야 한다. 100명 이상의 신청자가 접수하지만, 매년 4~8명의 예술가만 선정한다.

너에게 똥을 보낸다

사용자의 코멘트에 동의하는 바이지만, www.poopsenders.com 사이트에서 제공하는 서비스를 이용하면 당신은 어떤 주소로든 익명으로 똥을 보낼 수 있다. 이 서비스는 잘 작동하며 큰 만족을 보장한다. 단순히 이국적 취향으로 끝나지 않는다. 당신은 근처 농장과 동물원에서 가져온 소 똥과 고릴라 똥과 코끼리 똥 중에서 선택할 수 있다.

이건 꽤나 단순하지만 천재적인 수법이다. 수령인은 소포 안에서 악취 나는 내용물과 함께 엽서를 발견한다. 거기에는 이런 말이 적혀 있다. "당신에게 누가 똥을 쌌네요. 누가 보낸 건지 알고 싶으신가요?You've been pooped on. Want to know by whom?" 누군가는 궁금해할 것이다. 이게 어떻게 익명이 아니라는 것일까? 정말 궁금한 사람은, 그것을 알기 위해 손을 소포 안에 넣을 수밖에 없다. 그러나 그 안에는 "안 가르쳐주지We'll never tell"라고 쓴 다른 엽서가 들어 있을 뿐이다. 당분간은 미국 내에서만 이런 만족을 누릴 수 있다.

최고의 농담은 이탈리아에서 아직 시장에 나오지 않았다.

종이 작업

세이렌, 당나귀 귀, 동물 머리. 예술가 마르게리타 필로트Margherita Pillot의 손에선 종이 반죽 같은 소박한 재료가 귀중하고 상상력 넘치는 가면으로 변모한다. 심지어 유명 가수 비니초 카포셀라Vinicio Capossela가 콘서트에서 착용하는 화려한 모자로도 변모한다. 마르게리타 필로트는 매우 오래된 예술polimaterica의 전통 계승자 중 한 사람이다.

그리스인들은 이미 희극의 가면을 만들기 위해 치장회반죽과 색소가 혼합된 리넨 섬유를 사용했다. 종이 반죽 작품은 종이와 풀을 섞어서 만든 펄프 반죽을 사용하거나 종이 위에 또 다른 종이를 붙여서 만든다. 그러므로 우리 삶에 귀중하고 근본적인 재료를 창조적으로 재사용하기에 적합한 기술이다. 하지만 마구 써서는 안 된다.

거리에 쌓여 있던 한 무더기의 판지가, 캐나다 건축가 프랭크 오언 게리Frank Owen Gehry에게 유명한 가구(빌바오 구겐하임 박물관에 있는 것과 같은 것. 특히 이지 에지Easy Edge 컬렉션 중 골판지로 만든 의자) 아이디어에 영감을 준 것 아닌가 생각된다. 유럽 종이재활용협회의 가장 최근 자료에 따르면 유럽의 종이 소비량은 연간 8,000만 톤이 넘고, 1991년부터 2015년까지 재활용 종이의 비율은 40%에서 71.5%까지 증가했으며, 이는 유럽이 세계 제일이다.

이는 긍정적인 추세로, 2020년까지 74%로 올리는 것이 목표이다. 그렇게 되면 우리가 사용하는 종이 4장당 3장이 재활용되는 셈이다. 종이는 자연에서 나오는 것이므로 낭비되어선 안 된다. 먼저 위생용품의 예와 같이 재활용되지 않는 것들이 있다.

종이를 생산하고 재활용하려면 에너지와 물이 소비된다. 이미 많은 회사가 직원들로 하여금 이메일 인쇄를 줄이고, 종이는 꼭 필요한 용도로만 사용할 것을 촉구하고 있다. 우리가 할 수 있는 작은 일은, 쓰레기가 되기 전이나 예술의 대상으로 바뀌기 전에 여러 번 재사용하는 것이다.

우리 모두 그것을 가지고 놀았다.
심지어 예술가들도.
그건 종이 반죽이다.

폭죽과 함께하는 새해

필리핀 경찰이 매년 새해가 오기 전에 압수하는 불법적인 불꽃놀이 도구에서는 인간과 동물의 배설물을 발견할 수 있다. 비록 의사들과 독물학자들이 반복적으로 구매자들에게 경고해왔지만, 불꽃놀이 재료 제조 시 농축제로서 똥을 사용하는 것은 이 나라에서 매우 널리 퍼져 있다.

이런 유형의 화약통 때문에 생긴 상처는 어떤 것이라도 아주 많이 위험해질 수 있다. 그저 꺼진 것을 잡는 것만으로도 여러 종류의 질병에 감염될 수 있으며, 여기에는 이콜라이E. coli 박테리아가 옮기는 것도 포함된다. 아름다운 또… ㅇ 같은 출발이다.

곤돌라, 곤돌라가 간다

"곤돌라 곤돌라 오에!" 유명한 베네치아 대중음악 〈포페! 오에! 포페! 오에!Pope! Oeh! Pope! Oeh!〉(베네치아에서 포페pope는 교황Pope이 아니라 곤돌라 사공이다)의 한 구절이다.

몇몇 관광객을 태우고 운하를 가로지르는 전형적인 석호 보트를 상상하기는 쉽다. 그러나 권위 있는 네이처 출판그룹Nature Publishing의 「사이언티픽 데이터Scientific Data」에 발표된 CNR 해양과학연구소와 해군수로연구소의 연구에 따르면 전통적인 베네치아의 보트 용골 아래에는 석호의 물만 있는 것이 아니라 가전제품, 용기, 타이어 그리고 심지어 작은 보트까지 다양한 품목이 있다.

연구진은 수심 측량을 위해 고해상도 음향측심기를 사용했는데, 이를 통해 수로의 세세한 형태와 소중한 석호

서식지 바닥의 물리화학적 특성을 알 수 있었다.

음향측심기로 얻은 추가적인 결과물로는 세탁기, 냉장고, 식기세척기 및 다양한 종류의 물체가 수로 바닥에 있다는 것이 드러났다. 시민의식과 환경의식이 없는 시민들이 내다 버린 것이다. 다행히도, 이러한 야만적인 행동들은 도시 전체의 도덕적인 행위로 상쇄된다.

실제로 도시 폐기물에 대한 환경보호와 연구를 위한 고등연구소ISPRA의 2017년 보고서에 따르면 베네치아는 인구 20만 명 넘는 도시 가운데 쓰레기 분리수집 비율이 이탈리아에서 최고인 밀라노에 이어 2위를 차지했다. 베네치아에서는 전체 쓰레기의 57.6%가 분리수거되었다.

참고문헌

추가 정보, 데이터 소스, 더 읽을거리, 호기심을 위한 다음의 제안 리스트 대부분은 온라인에서 무료로 열람할 수 있다.

1장

네팔 산악협회 사이트
www.nepalmountaineering.org/home
앨런 아네트Alan Arnette의 블로그는 에베레스트에 관한 많은 정보를 담고 있다.
(www.alanarnette.com/blog/)

에베레스트 빙하에 관한 프로젝트에서 조지프 셰이Joseph Shea와 그 동료들의 논문 원본은 『지구빙권The Cryosphere』 웹사이트(www.the-cryosphere.net)의 다음 페이지에서 볼 수 있다.
http://tinyurl.com/y7p5gxbf.

위키피디아에는 달에 남겨두고 온 물건들에 대한 항목이 있다.
https://en.wikipedia.org/wiki/List_of_artificial_objects_on_the_Moon.

노르웨이 극지연구소 웹사이트
www.npolar.no/en.

대양에서 DDT의 존재에 관한 고찰에 관해서는 『네이처』 웹사이트(www.nature.com)의 다음 페이지를 참고하라.
http://tinyurl.com/y8drhoc.

미국물리학회의 The Discovery of Global Warming 페이지에는 온실효과에 관한 역사적, 과학적 정보가 풍부하게 들어 있다.
http://tinyurl.com/yb9oyx4u
온실효과에 관한 연구에 대해서는 미국환경청(www.epa.gov) 사이트의 다음 페이지에서 볼 수 있다.
http://tinyurl.com/zeodmrl.

유럽의 음식물 쓰레기 레벨 추정치에 관한 보고서는 EU Fusion 웹사이트(www.eu-fusions.org)에서 볼 수 있다.
http://tinyurl.com/ybxr4c4l.

폐기물의 계층 구조에 관한 유럽 지침은 EU 웹사이트(http://ec.europa.eu) 내 다음 페이지에서 볼 수 있다.
http://tinyurl.com/o9blz9q.

도시 쓰레기에 관한 ISPRA 보고서 2016년 판과 2017년 판은 www.isprambiente.gov.it 사이트 내 다음 페이지에서 각각 볼 수 있다.
http://tinyurl.com/ya99bbzb.
http://tinyurl.com/ya5s5d9y.

2장

미국해양대기청(www.noaa.gov)에서 대양오염에 관한 정보는 다음에서 볼 수 있다.
http://tinyurl.com/zxbntca.

플라스틱의 역사에 관해 읽을 수 있는 사이트
www.corepla.it/la-storia-della-plastica.
이탈리아 공영방송 교육 채널(www.raiscuola.rai.it)에서 플라스틱이 어떻게 만들어지는지에 대한 영상을 볼 수 있다.
http://tinyurl.com/y77n4s9y.

원자 및 핵물리학을 간단히 소개한 책으로는 이

책의 저자가 쓴 책을 추천한다.
『원자의 시대L'era dell'atomo』, il Mulino, Bologna, 2014.

노벨 재단 공식 웹사이트(www.nobelprize.org)에서 단층촬영법의 발명자들에게 주어진 노벨 생리의학상에 관한 정보를 볼 수 있다.
https://tinyurl.com/y9jjy74k.

미세 입자에 관한 과학적 정보는 미국환경청(US EPA)에서 볼 수 있다.
https://tinyurl.com/y7wjwvyd.

미각이 식기에 따라 어떻게 다르게 인식되는지에 관한 옥스퍼드 대학교의 연구는 플레이버 웹사이트(https://flavourjournal.biomedcentral.com) 내 다음 페이지에서 볼 수 있다.
https://tinyurl.com/hd37x34.

세계보건기구(www.who.int)에서 건강에 해로운 10가지 화학제품 또는 약품에 관해 쓴 글은 다음을 참고하라.
https://tinyurl.com/yb53z4hl.

심장마비와 위험요소의 관계에 관하여 『랜셋』(www.thelancet.com)에 실린 논문은 다음을 참고하라.
https://tinyurl.com/y7l24fhd.

3장

순환경제에 관한 유럽위원회 웹사이트
http://ec.europa.eu/environment/circular-economy/index_en.htm.

순환경제의 이탈리아 챔피언에 관한 내용은 Legambiente(www.legambiente.it) 웹사이트에서 볼 수 있다.
https://tinyurl.com/y779wref
https://tinyurl.com/y6w4ag47.

녹색 기차(www.trenoverde.it) 사이트와 ISPRA 웹사이트에서 볼 수 있는 이탈리아 내 쓰레기 분리수거에 관한 자료
http://tinyurl.com/ya5s5d9y
https://tinyurl.com/yarehjyn.

코어플라 사이트에는 플라스틱과 그것의 재활용에 대한 정보가 많이 있다.
www.corepla.it.

운송용 팔레트와 버지니아 공대의 포장 시스템 연구센터
www.packaging.sbio.vt.edu.

금과 휴대전화에 관한 유럽환경위원회에 관해서는 다음 페이지를 참고하라.
https://tinyurl.com/yb7d6mum.

전자제품 폐기물 재활용에 관한 학위 논문은 컬럼비아 대학교 웹사이트에서 볼 수 있다.
https://tinyurl.com/gohkjzp.

대변이식에 관하여, 오픈바이옴 사이트는 www.openbiome.org이고, 대변 이식에 관한 가톨릭 대학교와 파두아 대학에서 나온 코멘트는 각각 다음의 웹사이트에서 볼 수 있다.
https://tinyurl.com/yc3zw2zq
https://tinyurl.com/ybpjfxtc.

인간의 대변을 연료로 재활용하는 문제에 관한 연구는 유엔 대학교 물환경건강연구소(UNU-INWEH)의 자료를 참고하라.
https://tinyurl.com/ybav854a.

'똥 와이파이'를 광고하는 영상을 유튜브에서 볼 수 있다.
https://tinyurl.com/y6ut8hd8.

4장

열역학에 관한 고전적인 다음 책을 읽어보라.
엔리코 페르미Enrico Fermi, *Termodinamica*, Bollati Boringhieri, Torino, 1980.

2016년 세계 에너지 개관에 관한 자료는 국제에너지기구(IEA, www.iea.org)에서 볼 수 있다.
https://tinyurl.com/l949qgq.

에너지에 관해 많은 데이터가 있는 보고서는 http://tinyurl.com/ybkfbn4r에서 볼 수 있다.
에너지 접속에 관한 IEA 페이지는 다음과 같다.
www.iea.org/energyaccess.

인에 관하여 국제인연구계획Global Phosphorus Research Initiative에서 나온 보고서는 다음에서 볼 수 있다.
http://tinyurl.com/y7483pt3.

인에 관한 유럽위원회의 보고서
http://tinyurl.com/mydhcfw.

기저귀에 쓰이는 흡수제의 진화에 관해서는 마우로 코르델라Mauro Cordella의 논문을 참고하라.
"Evolution of Disposable Baby Diapers in Europe: Life Cycle Assessment of Environmental Impacts and Identification of Key Areas of Improvement", *Journal of Cleaner Production*, vol. 95, may 2015, pp. 322-331.

열핵융합에 대해 더 많은 정보를 보고 싶다면 대중적인 책 『융합의 물리학과 기술: 새로운 에너지원의 탐구Fisica e ingegneria della fusione: la ricerca verso una nuova fonte di energia』가 있으며 다음 사이트에서 무료로 다운받을 수 있다.
https://tinyurl.com/y7fosqnk.

밀라노 비코카Bicocca 대학교(www.unimib.it) 연구원들이 개발한 바이오가스 '세척' 기술에 관한 것은 다음에서 볼 수 있다.
https://tinyurl.com/ycaptofs.

5장

글로벌 전자 폐기물 모니터 2014년 보고서는 유엔 대학교 고등지속가능성연구소(https://i.unu.edu) 사이트에서 볼 수 있다.
https://tinyurl.com/y84mnn6p.

WEEE에 관한 유럽연합통계국Eurostat의 자료는 다음에서 볼 수 있다.
https://tinyurl.com/yal8szo2
https://tinyurl.com/jv8vnl6.

불법과 폐기물 간의 연관관계에 관한 UNEP(유엔환경계획, www.unep.org) 문서는 다음에서 볼 수 있다.
https://tinyurl.com/yalu6g6m.

'화장실 재발명 챌린지'에 관한 정보는 게이츠 재단(www.gatesfoundation.org)에서 볼 수 있다.
https://tinyurl.com/ybpzp7l4.

화장실 테스트에 관한 것은 다음 사이트를 참고하라.
https://tinyurl.com/6dadtw
www.map-testing.com.

위스콘신 대학교의 UW 캐니드 프로젝트 사이트
http://uwurbancanidproject.weebly.com.

우주 파편을 다루는 NASA의 궤도 잔해 프로그램에 관해서는 다음을 참고하라.
www.orbitaldebris.jsc.nasa.gov.

우주 똥 도전 대회에 관한 NASA 웹사이트
www.nasa.gov/feature/space-poop-challenge.

이탈리아 국립 핵폐기물 저장소에 관한 일부 정보는 다음에서 볼 수 있다.
www.depositonazionale.it.

해양의 플라스틱에 관하여 다른 자료를 보고 싶다면 『사이언스』나 『플로스 원Plos One』을 참고하라.
https://tinyurl.com/z2w93e7
https://tinyurl.com/oswhvb7.

플라스틱 먹는 애벌레에 관한 페데리카 베르토키니의 논문은 다음 사이트에서 볼 수 있다.
http://www.cell.com/current-biology/home
https://tinyurl.com/y8exaw2d.

6장

영구동토층과 온실가스에 관한 NOAA(www.noaa.gov) 정보는 다음에서 볼 수 있다.
https://tinyurl.com/yd6uo42x
www.iucn.org.

『지구물리학 연구회보Geophysical Research Letters』에 실린 윌리엄 콜건의 논문은 다음에서 볼 수 있다.
https://tinyurl.com/y8r83wlc
https://tinyurl.com/ztlwcq9.

태평양의 핵실험 폐기물에 관한 제라드의 논문

은 다음에서 볼 수 있다.
https://tinyurl.com/ybfyx3xh.

유해 폐기물 매립지의 위치 선정과 주변 지역사회의 인종적·경제적 지위의 상관관계에 관한 보고서는 미국감사원(US GAO, www.gao.gov) 사이트에서 볼 수 있다.
https://tinyurl.com/ybfm7c48.

미래에 남길 '핵 메시지'에 관하여 독일 『기호학 회지Zeitschrift für Semiotik』에 발표된 아이디어는 다음에서 볼 수 있다.
https://tinyurl.com/yc473kdk.

몬테 테스타초와 클로아카 막시마의 역사는 문화유산감독청(www.sovrintendenzaroma.it) 사이트를 보면 된다.
https://tinyurl.com/ycpckccz
https://tinyurl.com/y97wncuu.

뉴욕의 하수도에 관해서는 다음을 참고하라.
https://tinyurl.com/7qw5umw.

유럽 마약 및 마약중독관리국(www.emcdda.europa.eu)이 실시한 하수도의 분석을 통한 마약소비실태조사에 관해서는 다음을 참고하라.
https://tinyurl.com/okkg24g.

2015년 이탈리아 출판 현황은 다음을 참고하라.
https://tinyurl.com/h4mra6t.

7장

음식물 쓰레기에 관해선 유엔식량농업기구(FAO, www.fao.org)의 다음 사이트를 참고하라.
https://tinyurl.com/kthb5ws
https://tinyurl.com/6ttw4ja
https://tinyurl.com/ya68wtwq
https://tinyurl.com/krrrnge.

음식물 쓰레기를 규제하는 2016년 법령 166호는 다음을 참고하라.
https://tinyurl.com/y8s7cwow.

레페토리오 암브로시아노 프로젝트에 관해선 다음을 참고하라.
www.reffettorioambrosiano.it/progetto
https://tinyurl.com/y9zmytgg.

프리건 웹사이트
https://freegan.info.

블랙 아이보리 커피(Black Ivory Coffee) 사이트
www.blackivorycoffee.com.

플라스틱을 먹는 새에 관한 호주 연방과학산업연구기구(CSIRO, www.csiro.au)의 연구는 다음을 참고하라.
https://tinyurl.com/y7fcr8fr.

유엔환경계획과 그리드-아렌달의 「해양 쓰레기 바이털그래픽스」 보고서는 다음 사이트에서 볼 수 있다.
https://tinyurl.com/yamhfp8e
https://tinyurl.com/y7k888vt.

이탈리아 내 몇몇 음식물 쓰레기 감소와 잉여물 재생을 위한 운동 사이트는 다음을 참고하라.
Last Minute Market, https://tinyurl.com/ya5x77uk.
www.sprecozero.it/waste-watcher
www.bancoalimentare.it/it
www.collettaalimentare.it
Coop, https://tinyurl.com/y9o7a2ah
Conad, https://tinyurl.com/yahfqme7.

치즈 애호가들을 위해, 포르마디 프란트에 관한 정보는 다음을 참고하라.
https://tinyurl.com/yd5lvewr
https://tinyurl.com/yd3a4pj5.

'베네토 그라파'에 관한 기술적인 사항을 담은 공식적인 관보는 다음을 참고하라.
https://tinyurl.com/y9bo9ycd.

다른 지역에 관한 것은 다음을 참고하라.
https://tinyurl.com/y9fch9xh.

베네치아의 쓰레기 수거에 관한 것은 다음을 참고하라.
https://tinyurl.com/yb23ju95.

8장

전 세계 화장실 부족 문제에 관해 다룬 WHO와 UNISEF 데이터는 다음 사이트에 분석되어 있다.
https://tinyurl.com/nfulvho
https://tinyurl.com/h4nmwbg
https://tinyurl.com/yc3qklgd.

식수와 청결과 위생에 관한 OMS 보고서는 다음을 참고하라.
https://tinyurl.com/y9d6trp2.

화장품에 쓰이는 플라스틱에 관한 UNEP(www.unep.org) 데이터는 다음 사이트를 참고하라.
https://tinyurl.com/ycxndamv.

세계 화장실의 날 웹사이트
www.worldtoiletday.info.

1991년 『거트Gut』에 실린 인간의 장 내 가스 분출에 관한 논문은 다음을 참고하라.
https://tinyurl.com/ya3a2e26.

9장

똥난poopcalypse에 관한 재미있는 페이스북 포스트는 다음에 공개되어 있다.
https://tinyurl.com/gvgmuj5.

핵문화 연구 프로젝트 사이트
http://nuclear.artscatalyst.org.

파비아 대학교 광물학박물관에서 모래에 대한 설명을 볼 수 있다.
http://musei.unipv.it/Mineralogia/sedimentarie.htm.

2016년 베네치아 건축 비엔날레 사이트
www.labiennale.org/it/architettura/2016.

유럽 종이재활용협의회 사이트
www.paperrecovery.org.

종이공예의 역사에 관해 읽을 수 있는 사이트
www.inforestauro.org/bibliografia.html.

종이와 판지의 분리수거에 관한 Comieco(www.comieco.org) 데이터를 볼 수 있는 사이트
ttps://tinyurl.com/y8c2pq33.

베네치아 석호 운하의 자세한 형태를 연구 조사한 CNR(www.cnr.it) 자료는 다음 사이트에서 볼 수 있다.
https://tinyurl.com/y8y5y35o.

감사의 글

이 책은 글을 쓰고 수정하고 우리가 데이터와 정보를 찾는 데 도움을 준 친구들과 전문가들의 협력에 많은 빚을 지고 있다.

클라우디오 바르토치, 로베르타 첼라, 비토리오 마르키스, 알레산드로 마르조마뇨와 안드레아 탈리아피에트라에게 감사드린다. 그들 덕분에 책을 재미있게 꾸미고 완성할 수 있었으며, 그들은 우리가 안다고 생각하는 것에 대해 우리가 알지 못하는 많은 것이 항상 있다는 사실을 일깨워주었다. 그들의 책을 읽어보라. 정말 아름답다. 안드레아에게는 이 책 바탕에 있는 아이디어에 항상 찬사를 보내주어 감사하다는 말을 더하고 싶다.

안치텔 에너지 환경Ancitel Energia e Ambiente의 필리포 베르노키, 노르웨이 극지 연구소의 게이르 빙 가브리엘센, 소긴의 마르코 사바티니 스칼마티, 코어플라의 다니엘라 루지에리에게 각각의 분야에서 이슈와 문제를 파악하는 데 도움을 준 것에 감사드린다.

자료를 공유해주었고 각자의 방식으로 이 프로젝트를 지원해준 아마로마Ama Roma, 안치텔 에너지 환경, CiAl, 코노에Conoe, 콘소르초 리크레아Consorzio Ricrea, 콘타리나Contarina, 코어플라, 코레베Coreve, 에넬그린파워Enel Green Power, ISPRA에 감사드린다.

이 책을 쓰고 디자인하는 복잡한 작업을 하는 동안 격려와 지원을 해준 체칠리아 토소와 스테파노 밀라노에게 감사드린다. 가족과 부모님, 친구들 그리고 선생님들께도 감사드린다. 그들은 각기 다른 장소와 시간에 다른 방법으로 우리에게 호기심과 비판적 감각을 불어넣었고, 우리가 이야기하기를 원하도록 만들었다.

운영지원을 해준 로살바에 감사드린다.

마지막으로 저자 중 한 명은 프리울리아의 목동들에게 감사의 말을 전한다. 그들은 순환경제의 존재를 알지도 못했지만, 치즈를 버리기보다는 최초로 재활용함으로써 포르마디 프란트를 창조했다.